高职高专示范建设规划教材

GNSS 定位测量技术

主　　编　贾家琳

副 主 编　包绍龙　林先勇　韩沙鸥　靳　祠

参　　编　陈　锐　谭　詹　路晓峰

主　　审　汪仁银

西南交通大学出版社
·成 都·

图书在版编目（CIP）数据

GNSS 定位测量技术 / 贾家琳主编. —成都：西南
交通大学出版社，2014.10（2020.8 重印）
高职高专示范建设规划教材
ISBN 978-7-5643-3379-9

Ⅰ. ①G… Ⅱ. ①贾… Ⅲ. ①卫星导航－全球定位系
统－应用－水利水电工程－工程施工－高等职业教育－教
材 Ⅳ. ①TV5

中国版本图书馆 CIP 数据核字（2014）第 204881 号

高职高专示范建设规划教材
GNSS 定位测量技术
主编 贾家琳

责 任 编 辑	曾荣兵
封 面 设 计	何东琳设计工作室
出 版 发 行	西南交通大学出版社 （四川省成都市二环路北一段 111 号 西南交通大学创新大厦 21 楼）
发行部电话	028-87600564　028-87600533
邮 政 编 码	610031
网 　　 址	http://www.xnjdcbs.com
印 　　 刷	四川煤田地质制图印刷厂
成 品 尺 寸	185 mm × 260 mm
印 　　 张	13.25
字 　　 数	329 千字
版 　　 次	2014 年 10 月第 1 版
印 　　 次	2020 年 8 月第 5 次
书 　　 号	ISBN 978-7-5643-3379-9
定 　　 价	29.00 元

课件咨询电话：028-81435775
图书如有印装质量问题　本社负责退换

前　言

本书是四川水利职业技术学院测绘工程系根据高职示范院校建设要求，以"项目导向、任务驱动、工学结合"的教学模式为出发点，以技能培养为主线，结合行业需求，按照所制定的"GNSS 测量技术"课程标准为依据编制的"工程测量技术专业"示范教材。本书主要内容包括：GNSS 系统的介绍，GPS 卫星定位技术发展过程及 GPS 卫星测量的坐标系统和时间系统；GPS 卫星定位系统的组成；GPS 卫星测量定位原理与误差来源；GNSS 测量技术设计；GNSS 测量的外业实施；GNSS 测量数据处理；GNSS-RTK 测量技术；GNSS-RTK 工程放样及 CORS 系统的组成和应用。本书重在论述 GPS 的基本原理、基本方法，着重介绍 GPS 测量的实施技术和 GNSS-RTK 测量技术，省略了许多数学模型，图文并茂，力求做到概念清晰、通俗易懂，适应面广、应用性强，每个项目设计了项目总结，帮助学生学习和总结本项目的内容，以满足教学要求。

本书由四川水利职业技术学院测绘工程系贾家琳担任主编，负责内容策划、审校和有关章节的编写、改写和统稿。全书共分 5 个项目，编写分工如下：项目一的子项目一由贾家琳、外聘教师靳祠编写，子项目二和子项目五由林先勇、成都勘察测绘研究院注册测绘师路晓峰编写，子项目三和子项目四由韩沙鸥、谭詹编写；项目二由贾家琳编写；项目三的子项目一由靳祠、陈锐编写，子项目二由四川星地星工程勘察设计有限公司包绍龙工程师编写；项目四和项目五由包绍龙、靳祠、路晓峰编写。汪仁银副教授主审了本书，并提出了宝贵的修改意见，在此表示诚挚的感谢。

本书注重理论与工程实际相结合，反映了当前 GNSS 测量技术的最新应用，可以作为高等职业院校测绘类专业工程测量课程配套教材，也可供相关工程技术人员参考。但由于 GNSS 系统发展的日新月异，同时也由于作者水平有限，书中难免有不足与疏漏之处，恳请广大读者批评指正。

编　者

2014 年 4 月 30 日

目　录

项目一　GPS 测量基础知识

子项目一　全球导航卫星系统概述

全球导航卫星系统或全球卫星导航系统，其英文全称为 Global Navigation Satellite System，GNSS。GNSS 是随着现代科学技术的发展而建立起来的新一代卫星无线电导航定位系统，目前包括美国的全球定位系统（Global Positioning System，GPS）、俄罗斯的格罗纳斯系统（Global Navigation Satellite System，GLONASS）、中国的北斗卫星定位系统（COMPASS）以及欧盟正在建设中的伽利略系统（GALILEO）。这些全球卫星定位系统在系统组成和定位原理方面都有许多相似之处，所以本书将以 GPS 为例进行讲述。GPS 建成最早，拥有全球最多的用户，在诸多的领域都得到了的应用，因此 GPS 几乎成为了 GNSS 的代名词。本项目中我们主要从卫星定位技术起源开始，简单地阐述 GPS 技术的发展过程、特点、应用及其限制性政策等方面的内容。

任务一　卫星定位技术发展概况

以 1957 年 10 月 4 日苏联成功发射的世界上第一颗人造地球卫星作为标志，人类的空间科学技术研究和应用跨入了一个崭新的时代，人类的活动范围延伸到了大气层以外，并且开始了利用卫星进行定位和导航的研究。近五十年来，随着卫星技术的发展，特别是美国的全球定位系统（GPS）技术的成功建立和应用，测绘行业迎来了一场深刻变革，在测量精度、使用条件、应用领域、生产效率及经济效益等方面都取得了巨大的进步。可以说，全球卫星导航系统与移动通信技术、互联网技术正一起影响着 21 世纪人类的生活。

卫星定位技术是指人类利用人造地球卫星确定测站点位置的技术。卫星大地测量就是利用人造地球卫星为大地测量服务的一门学科。它的主要内容是在地面上观测人造地球卫星，通过测定卫星位置的方法来解决大地测量任务，例如测定地面点的相对位置、测定地球的形状与大小等。卫星定位技术的发展可分为三个阶段：卫星三角测量技术，卫星多普勒定位测量技术，GPS 卫星定位技术。

1. 卫星三角测量技术

最初，人们仅仅将人造地球卫星作为一种空间观测目标，通过由地面上的观测站对卫星的瞬间位置进行摄影测量，测定测站点至卫星的方向，建立卫星三角网；利用激光技术测定观测站至卫星的距离，建立卫星测距三角网。利用这两种观测方法，实现对于地面点的定位，也对大陆同海岛实施联测定位，进而解决了常规大地测量难以实现的远距离联测定位问题。

20 世纪 60～70 年代，美国国家大地测量局在英国和联邦德国测绘部门的协作下，用卫星三角测量方法测设了一个具有 45 个测站点的全球三角网，点位精度为 ±5 m。但是这种观测方法受天气和可见条件影响，费时费力，同时定位精度不太理想，并且不能得到点位的地心坐标。因此，卫星三角测量技术成为一种过时的观测技术，很快就被卫星多普勒定位技术所取代，使卫星定位技术从把卫星作为空间的观测目标向作为动态已知点发展的高级阶段迈进。

2. 卫星多普勒定位测量技术

1958 年 12 月，美国海军武器实验室委托约翰·霍普金斯（Johns Hopkins）大学物理实验室，给美国海军"北极星"核潜艇提供全球性导航，从而开始研制一种卫星导航系统，称为美国海军导航卫星系统（Navy Navigation Satellite System），简称 NNSS 系统。在这一系统中，由于卫星轨道面通过地极，所以又被称为子午卫星导航系统。系统于 1964 年 1 月建成并使用。系统的卫星高度为 1 100 km，轨道接近圆形，轨道倾角为 90°左右，周期约为 107 min，在地球表面上的任何一个测站上，平均每隔 2 h 便可观测到其中一颗卫星。

子午卫星导航系统即美国海军导航卫星系统，它由三部分组成：卫星星座、地面跟踪网和用户接收机。地面跟踪网由跟踪站、计算中心、注入站、海军天文台和控制中心五部分组成。它们的任务是测定各颗卫星的轨道参数，并定时将这些轨道参数和时间信号注入相应的各颗卫星内，以便卫星按时向地面播发。接收机是用来接收卫星发射的信号、测量多普勒频移、解译卫星的轨道参数，以测定接收机所在位置的设备。由于接收机都是采用多普勒效应原理进行接收和定位的，所以也称为多普勒接收机。

1967 年 7 月 29 日，美国政府宣布解密子午卫星的部分导航电文以供民用，由于卫星多普勒定位具有经济、快速、精度较高、不受天气和时间限制等优点，只要能见到子午卫星，便可在地球表面的任何地方进行单点和联测定位，从而获得测站的三维地心坐标。因此，卫星多普勒定位迅速从美国传播到欧洲、亚洲及美洲的许多国家。20 世纪 70 年代中期，我国开始引进卫星多普勒接收机。西沙群岛的大地测量基准联测，是我国应用卫星多普勒定位技术的先例。自 80 年代初期以来，我国开展了几次较大规模的卫星多普勒定位实践：国家测绘局和总参测绘局联合测设的全国卫星多普勒大地网；由原武汉测绘科技大学与青海石油管理局、新疆石油管理局、原石油部地球物理勘探局合作测设的西北地区卫星多普勒定位网；即使在远离我国 170 000 余千米的南极乔治岛上，也用卫星多普勒定位技术精确测得我国长城站的地理位置为南纬 62°12′59.811″±0.015″，西经 50°57′52.665″±0.119″，高程为 43.58 m±0.67 m，长城站至北京的距离为 17 501 949.51 m。

在美国子午卫星系统建立的同时，苏联也于 1965 年开始也建立了一个卫星导航定位系统，叫做 CICADA。它与 NNSS 系统相似，也是第一代卫星导航定位系统。该系统由 12 颗卫星组成 CICADA 星座，轨道高度为 1 000 km，卫星的运行周期为 105 min。

虽然 NNSS 和 CICADA 卫星导航系统将导航和定位推向了一个崭新的发展阶段，但仍然存在着一些明显的缺陷：

（1）卫星颗数少，不能实现连续实时导航定位。NNSS 卫星导航系统卫星数目较少（仅有 6 颗工作卫星），而且运行轨道都通过地球南极和北极，如图 1.1.1 所示。因而地面点观测到卫星的时间间隔较长（平均 1.5 h）。同一颗子午卫星，每天通过测站上空的次数最多为 13 次，而一台多普勒接收机一般需要成功观测 15 次卫星通过，才能达到 ±10 m 的单点定位的精度。当所有测站观测了 17 次卫星通过时，联测定位的精度才能达到 ±0.5 m。由于子午卫星通过测站上空的时间太短，而需要观测的时间又过长，定位速度慢（测站平均观测 1~2 d），所以无法提供连续实时的三维导航定位服务。

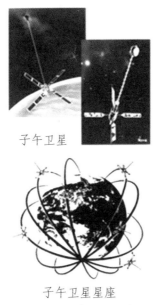

子午卫星

子午卫星星座

图 1.1.1　子午卫星运行图

（2）卫星运行轨道高度较低，难以实现精密定轨。子午卫星的轨道平均高度为 1 070 km，属于低轨道卫星。这样，地球引力场模型误差，大气密度、卫星质面比、大气阻力系数等摄动因子误差，大气阻力模型误差等都将阻碍子午卫星定轨精度的提高。子午卫星星历参数的精度较低，导致卫星多普勒定位精度局限在米级水平（单点定位精度 3~5 m，相对定位精度约为 1 m）

（3）信号频率低，难以补偿电离层折射效应的影响。子午卫星射电信号的频率为 400 MHz 和 150 MHz，用这两种频率信号进行双频多普勒定位时，只能削弱电离层折射效应的低阶项的影响，而难以削弱高阶项的影响。而电离层折射效应的高阶项的影响，在地球赤道附近将导致测站高程产生 ±1 m 以上的偏差。

因此该系统在大地测量学和地球动力学研究方面受到了极大的限制，精度的较低也限制了它的应用领域。为了实现全天候、全球性和高精度的连续导航与定位，第二代卫星导航系统——GPS 便应运而生。子午卫星导航系统也于 1996 年 12 月 31 日停止发射导航及时间信息。

3. GPS 卫星定位系统

美国国防部于 1973 年 12 月批准美国海陆空三军联合研制新一代卫星导航系统——NAVSTAR/GPS，即为目前的"卫星测时测距导航/全球定位系统"（Navigation Satellite Timing And Ranging/Global Positioning System），通常称为全球卫星定位系统，简称为 GPS 系统。

GPS 系统的全部投资为 300 亿美元，前后历时 20 年，自 1974 年以来，系统的建立经历了方案论证、系统研制和生产试验等三个阶段，是继阿波罗计划、航天飞机计划之后的又一个庞大的空间计划。1978 年 2 月 22 日，第一颗 GPS 试验卫星发射成功。1989 年 2 月 14 日，第一颗 GPS 工作卫星发射成功，宣告 GPS 系统进入了营运阶段。1994 年 3 月 28 日完成第 24 颗工作卫星的发射工作。GPS 共发射了 24 颗卫星（其中，21 颗为工作卫星，3 颗为备用卫星，目前的卫星数已经超过 32 颗），均匀地分布在 6 个相对于赤道倾角为 55°的近似圆形轨道上，卫星距离地球表面的平均高度为 20 200 km，运行速度为 3 800 m/s，运行周期 11 h 58 min（恒星时 12 h），载波频率为 1 575.42 MHz 和 1 227.60 MHz。卫星通过天顶时，卫星可见时间为 5 h，每颗卫星可覆盖地球表面约 38%的面积。卫星的分布可保证在地球上任何地点、任何时刻，同时能观测到 4 颗卫星，在高度角 15°以上的地区，平均能同时观测到 6 颗卫星，最多可达 9 颗，如图 1.1.2 所示。

如图 1.1.3 所示，GPS 工作卫星的在轨质量为 843.68 kg，设计寿命为七年半。卫星入轨之后，星内机件靠太阳能和镉镍蓄电池供电。

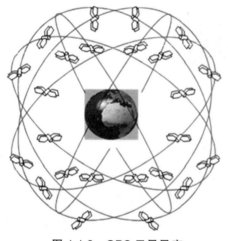 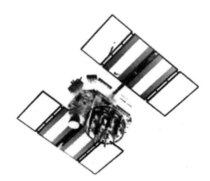

图 1.1.2　GPS 卫星星座　　　　　　图 1.1.3　GPS 工作卫星

在 GPS 设计之初，美国国防部的主要目的是使 GPS 系统能够为海、陆、空三军提供实时全天候和全球性的导航服务，并用于情报收集、核爆监测和应急通讯等一些军事目的。但随着 GPS 系统的开发应用，已被广泛地应用于飞机和船舶及各种载运工具的导航、高精度的大地测量、精密工程测量、地壳形变测量、地球物理测量、航天发射和卫星回收等技术领域。该系统是以卫星为基础的无线电定位系统，具有全能型（陆地、海洋、航空和航天）、全天候、连续性及实时性的导航、定位和授时功能，能为客户提供精密的三维坐标、时间和速度。

为了使 GPS 具有高精度的连续实时三维导航性能及良好的抗干扰性能，在卫星的设计上采取了若干重大改进措施。GPS 与 NNSS 的主要特征比较见表 1.1.1。

表 1.1.1　GPS 与 NNSS 主要特征对比

系统特征	GPS	NNSS
载波频率/GHz	L_1 为 1.58，L_2 为 1.23	0.15，0.40
卫星平均高度/km	约 20 200	约 1 070
卫星数目/颗	24（3 颗备用）	5～6
卫星运行周期/h	11 h 58 min	1.5 h
卫星钟稳定度	10^{-12}	10^{-11}

4. GLONASS 卫星定位系统

苏联在全面总结 CICADA 第一代卫星导航系统优劣的基础上，认真吸取美国 GPS 系统的成功经验，自 1982 年 10 月开始研发，至 1996 年 1 月 18 日系统正式运行，前后历时 13 年时间，研制发射了第二代导航卫星——GLONASS 卫星。该系统在系统的组成和工作原理上与 GPS 类似，共发射 24＋1 颗卫星，主要为军用。

GLONASS 卫星均匀地分布在 3 个等间隔圆轨道上，轨道倾角为 64.8°±0.3°，轨道间的夹角为 120°，偏心率为 ±0.01，每个轨道上等间隔地分布 8 颗卫星。卫星距离地面高度为 19 100 km，卫星的运行周期为 11 h 15 min 44 s，轨道的同步周期为 17 圈。由于 GLONASS 卫星轨道倾角大于 GPS 卫星的轨道倾角，所以在高纬度（50°以上）地区的可视性较好。GLONASS 卫星星座如图 1.1.4 所示。GLONASS 系统可进行卫星测距。民用无任何限制，没有选择可用性政策（SA）。民用的标准精度如下：水平精度为 50～70 m，垂直精度为 75 m，测速精度为 15 cm/s，授时精度为 1 μs。GLONASS 卫星的平均工作寿命超过 4.5 年。

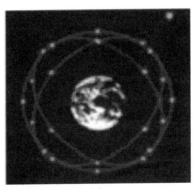

图 1.1.4　GLONASS 卫星星座

GLONASS 系统的发展阶段如下：

（1）初期开发阶段。

一般 GLONASS 卫星都是采用一箭三星发射，第一颗 GLONASS 卫星和两颗试验卫星于 1982 年 10 月 12 日发射升空，但这三颗卫星都没能正常运行，直到 1984 年 1 月试验用的四颗卫星才完成部署。1983—1985 年是试验的第一阶段，主要进行前期试验验证和系统概念的改进；1986—1993 年是试验的第二阶段，卫星星座增加到 12 颗，完成在轨飞行试验并启动初步系统运行。

（2）运行能力。

1993 年 9 月 24 日，俄罗斯正式宣布 GLONASS 系统开始运行，但实际在 1996 年这 24
颗卫星的星座才第一次组网成功。一般我们认为这个时刻才是 GLONASS 系统的完全运行状
态。后期由于资金缺乏问题，可用的卫星数目逐渐减少，到 2001 年能够工作的卫星数减少到
6 ~ 8 颗。GLONASS 计划总共 24 颗卫星，包括 21 颗标准卫星和 3 颗备用卫星。2008 年初共
有 14 颗卫星在轨运行，但是部分单个卫星只有相对较短的 3 ~ 4 年寿命，从而影响了系统的
完整性。完全部署 GLONASS 需要 24 颗工作卫星，俄罗斯用质子号定期将 3 颗 GLONASS-M
卫星发射入轨，M 系列的寿命为 7 ~ 8 年；2009 年后发射的，寿命可达到 10 ~ 12 年；在 2009
或 2010 年全部在轨运行。

GLONASS 采用了"军民两用"政策，它一共有六个国家级的用户：俄罗斯联邦空间局、
国防部、俄罗斯控制系统局、交通部、工业科学和技术部、俄罗斯大地测量与制图局，其中
俄罗斯联邦空间局是一个民用研究机构。

2002 年正式成立 GLONASS 协调委员会，是为了实现 GLONASS 发展的协调和制定战略
活动。2006 年，俄罗斯发布了 GLONASS 更新计划：第一，到 2007 年年底实现 18 颗卫星的
最小运行能力；第二，到 2009 年年底实现 GLONASS 系统的完全运行状态；第三，到 2010
年确保 GLONASS 系统达到与 GPS 和 GALILEO 系统相当性能。

GLONASS 的地球参考系统为 PE-90 系统，时间系统是通过一组氢原子钟构成的
GLONASS 中央同步器来维持的。GLONASS 系统由卫星星座、地面监测控制站、用户设备 3
部分组成。所有 GLONASS 卫星均使用精密铯钟作为其频率基准。GLONASS 系统单点定位
精度水平方向为 16 m，垂直方向为 25 m。其应用普及情况远不及 GPS。

GLONASS 导航系统其主要的应用领域包括交通事故应急响应、国际体育赛事导航支持，
尤其在才过去的索契冬奥会物流与交流中心导航支持。

5. 伽利略（GALILEO）全球卫星导航系统

伽利略卫星导航系统简称 GALILEO，是由欧盟和欧洲空间局合作开发的全球卫星导航
定位系统，该计划于 1999 年 2 月提出，见图 1.1.5。欧盟建立这个导航系统不仅能使人们的
生活更加方便，同时也能带来可观的经济效益。更重要的是，欧盟将从此拥有自己的全球卫
星导航系统，有助于打破美国 GPS 导航系统的垄断地位。

图 1.1.5 伽利略卫星分布

作为欧盟主导项目，伽利略全球卫星导航系统的研制并没有排斥外国的参与，中国、韩国、日本、阿根廷、澳大利亚、俄罗斯等国也在参与了该计划，并向其提供资金和技术支持。虽然欧洲在2013年主动邀请我国参加，但是在2005年欧洲政治格局发生变化后，欧洲航天局希望与美国合作，因此开始排挤中国，让中国投入巨额资金却得不到相应的对待。我国在此情况下致力于发展我国自己的"北斗"系统，在2006年我国对外宣布，将在今后几年内发射导航卫星，开发自己的全球卫星导航和定位系统，并于2007年得到重大突破，有了覆盖全球的"北斗"二号系统计划。在导航系统中频道是稀有资源，按照"谁先使用谁先得"的国际法原则，中国和欧盟成了同一频率（即仅次于GPS和GLONASS的频率）的竞争者。中国以成功发射三颗卫星的优势取得了频率的所有权。"北斗"二号在技术上比"伽利略"更先进，定位精度甚至达到0.5 m级。

2011年10月21日，伽利略导航系统的首批两颗卫星升空，2012年10月12日，随着欧洲伽利略全球卫星导航系统第二批两颗卫星成功发射升空，该系统建设已取得阶段性重要成果。太空中已有4颗正式的伽利略系统卫星，可以组成网络，初步发挥地面精确定位的功能。2013年春季，已组网的这4颗卫星将可以首次提供导航服务。伽利略导航系统预计由30颗卫星组成，其中27颗工作星，3颗备份星。卫星轨道高度约为2.4万千米，位于3个倾角为56°的轨道平面内。但是伽利略卫星导航系统计划发展缓慢。欧盟中的各个国家对"伽利略卫星导航计划"这个问题产生了很多分歧的意见，加之欧洲又面临经济危机。

计划中的GALILEO服务：

（1）开放服务（OS）。

开放服务是针对大众市场应用，即为定位和授时提供免费信号。由于在2004年6月26日，美国和欧盟签署了一项协议，旨在确保这两个系统的无缝协作和兼容性。所以GALILEO和GPS对某些应用发射了相同的频率，接收机可以结合使用这两种信号，即使在不利情况下也能改善信号。

（2）商业服务（CS）。

商业服务在使用收费的基础上提供各种为客户带来效益的服务。商业服务是依靠包含在导航电文中的数据，这些数据信息被加密后以高达500 bit/s的数据传输率播发。这些应用的例子有：精确授时服务、提高位置精度的修正等。

（3）人身安全服务（SOL）。

人身安全服务主要用于交通方面，导航信号中的完备性信息将标示系统的任何故障，并给全球范围的用户提供及时警告。人身安全服务被设计为适应航空、航海和铁路领域的不同标准，使用户团体的受益最大化。

（4）公共管制服务（PRS）。

伽利略导航系统虽然是民用系统，但也能为政府提供稳定的访问服务。公共管制服务可供警察、消防和边境巡逻队之类的客户使用。如果信息一旦被滥用，就会危及公共安全，因此此类服务的访问要对民事部门进行限制和控制。同时也要保证伽利略系统信号不受人为干扰、阻塞、欺骗或虚拟干扰。

（5）搜索与救援（SAR）。

搜索和救援服务将用于人道主义搜索和救援工作。伽利略系统的此项服务是欧洲对国际

COSPAS-SARSAT 系统的贡献，符合国际海事组织与国际民航组织的需求与规定。这项系统是由俄罗斯、美国、法国和加拿大定义与建造，为全球范围内的人道主义 SAR 服务提供一个途径，即应急发射机和卫星能定位飞行、陆上和海洋紧急事件中的个人、船只和车辆。

伽利略系统采用地心直角坐标框架，时间系统是一个连续的原子时系统，它与国际原子时有一个标称常数误差。伽利略系统与 GLONASS 相似，除了用户段以外伽利略系统定义了三个基本组成部分：全球部分、区域部分和局域部分。全球部分是伽利略系统的核心单元，分为空间段与地面段。空间站的卫星星座预计包括 27 颗工作卫星和 3 颗备用卫星，分布在三个近圆的中轨上，三个轨道面相对于赤道的倾角为 56°。区域部分是由一个完备性监控站网络和一个完备性控制中心组成。局域部分能够提供伽利略局域辅助服务，以增强局域的导航性能，满足特殊应用需求。

6. 我国的"北斗"导航卫星定位系统

北斗卫星导航系统是我国正在实施的自主研发的、独立运行的全球卫星导航系统与通信系统。"北斗"是指"七星大熊星座"或"北斗七星"。若干世纪以来，该星座一直用来标示星极轴，也就是北半天球的北方向。我国于 1983 年提出建设我国自己的导航系统，首先完成试验阶段，即用少量卫星利用地球同步静止轨道来完成试验任务；其次到 2012 年，计划发射 10 多颗卫星，建成覆盖亚太区域的"北斗"卫星导航定位系统；最后到 2020 年，建成由 5 颗地球静止轨道和 30 颗地球非静止轨道卫星组网而成的全球卫星导航系统，见图 1.1.6。

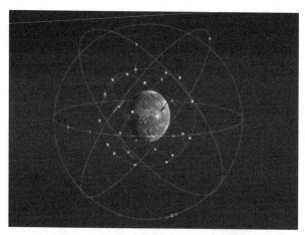

图 1.1.6 北斗建成后的卫星分布情况

北斗卫星导航系统由空间端、地面端和用户端三部分组成。空间端包括 5 颗静止轨道卫星和 30 颗非静止轨道卫星。地面端包括主控站、注入站和监测站等若干个地面站。用户端由北斗用户终端以及与美国 GPS、俄罗斯"格洛纳斯"（GLONASS）、欧盟"伽利略"（GALILEO）等其他卫星导航系统兼容的终端组成。

北斗卫星导航系统的发展历程：

（1）北斗一代。

其工程代号取名为"北斗一号"。一共成功发射四颗卫星，发射前三颗工作星组成了完整的卫星导航定位系统，确保全天候、全天时提供卫星导航信息。这标志着我国成为继美国 GPS

和俄罗斯的 GLONASS 后，世界上第三个建立了完善的卫星导航系统的国家。第四颗卫星发射成功，不仅作为早期三颗卫星的备份，同时还进行卫星导航定位系统的相关试验。

因为是初级阶段，所以其覆盖范围小，对我国周边地区的定位能力差；定位精度低，定位精度最高 20 m，不适于军用，同样也无法在高速移动平台上使用。但"北斗一号"研制成功标志着我国打破了美、俄在此领域的垄断地位，解决了中国自主卫星导航系统的有无问题。

（2）北斗二代。

我国从 2007 年开始正式建设"北斗"卫星导航定位系统（"北斗二号"）。"北斗"卫星导航定位系统需要发射 35 颗卫星，比 GPS 多出 11 颗，由 5 颗静止轨道卫星和 30 颗非静止轨道卫星组成，其定位精度可以精确到厘米之内。"北斗"卫星导航定位系统提供开放服务和授权服务。开放服务在服务区免费提供定位，测速和授时服务，定位精度为 10 m，授时精度为 50 ns，测速精度为 0.2 m/s。授权服务则是军事用途的马甲，将向授权用户提供更安全、更高精度的定位、测速、授时服务，外加继承自北斗试验系统的通信服务功能。我国自主研制的"北斗二号"系列卫星已经进入组网期，预计到 2015 年形成覆盖全球的卫星导航系统，可实现不需要通过地面中心站联系和传输信号的无源定位，见图 1.1.7。

图 1.1.7 北斗卫星发射升空

"北斗"卫星导航系统应用领域广泛和 GPS 一样分为军用和民用，民用又包括交通运输、海洋渔业、水文监测、气象监测、森林防火、通信系统、电力调度、救灾减灾等方面的应用。

在未来的几年里，我国将致力于完成建成我国独立自主的全球卫星导航系统，同时也在着力研究开发下一代卫星导航定位系统（CNSS）。

发展中有机遇也有挑战，其均来自于其余的三大导航系统：GPS 在这方面遥遥领先，GLONASS 正在恢复建设中，GALILEO 遭遇资金困境。四大导航系统虽然有竞争但也有合作，我国正在开展与 GPS、GLONASS 和 GALILEO 等其他卫星导航系统的频率协调，参与国际电信联盟（ITU）工作组、研究组和世界无线电通信大会（WRC）的各项活动。

任务二　美国的限制性政策

GPS 针对不同的用户提供两种不同类型的服务：一种是标准定位服务（Standard Positioning Service，SPS）；另一种是精密定位服务（Precision Positioning Service，PPS）。SPS 主要面向全世界的民用用户，PPS 主要是面向美国和盟国的军事部门以及民用的特许用户。

因为 GPS 技术和美国的国防现代化发展密切相关，所以，为了保障美国的利益与安全，限制非经美国特许的用户利用 GPS 的精度，该系统除了在设计方面采取许多保密措施外，在系统运行中还采取或可能采取其他一些措施，以限制用户获取 GPS 观测量的精度。这些措施，目前主要包括：

（1）对不同的 GPS 用户，提供不同的服务方式；

（2）实施选择可用性政策；

（3）精测距码（P 码）的加密措施。

1. 对不同的 GPS 用户提供不同的服务方式

GPS 卫星发射的无线电信号，含有两种精度不同的测距码，即 P 码（精码）和 C/A 码（粗码）。相应两种测距码，GPS 提供两种定位服务方式，即精密定位服务和标准定位服务。

精密定位服务（PPS）可提供 L_1 和 L_2 载波上的 P 码、L_1 载波上的 C/A 码、导航电文和消除 SA 的密匙。PPS 的主要对象是美国军事部门和其他经美国特许的用户。PPS 利用双频技术消除电离层折射的影响。利用 PPS 单点定位的精度可以达到 $5 \sim 10$ m。但是，P 码是不公开的保密码，非经美国特许的用户难以利用。

标准定位服务仅提供 L_1 载波上的 C/A 码和导航电文，其主要对象是非经美国政府特许的广大用户。这类用户只能利用 C/A 码获取精度较低的观测量，且只能采用调制在一个载波上的 C/A 码来测量距离，无法利用双频技术来消除电离层折射的影响。其单点实时定位的精度为 $15 \sim 30$ m。

2. 实施选择可用性政策

为了进一步降低标准定位服务的精度，以保障美国政府的利益和安全，对 GPS 工作卫星已播的信号实行 SA 政策，以进行人为的干扰。这种干扰，目前是通过 ε 和 δ 两种技术实现的。

ε 技术是干扰卫星星历数据，它通过降低 GPS 卫星播发轨道参数的精度，来降低利用 C/A 码进行实时单点定位的精度；δ 技术是对 GPS 的基准信号人为的引入一个高频抖动信号，以降低 C/A 码伪距观测的精度。

目前，在 SA 政策的影响下，对 SPS 用户，实时单点定位的精度，在水平和垂直方向上分别降为约 100 m 和 150 m。而且，这种影响是可变的，在必要时美国政府可以进一步降低 SPS 的定位精度。

SA 是针对非经美国政府特许的广大 GPS 用户采取的降低实时定位精度的措施，而对能够精密定位服务的用户，则可采用密匙自动地消除 SA 的影响。

3．精测距码的加密措施

AS（Anti-Spoofing）技术是 P 码的加密措施，也叫反电子欺骗技术。当 P 码被解密或在战时，对方如果知道特许用户接收机所接收的卫星信号的频率和相位，便可以发射适当频率的干扰信号，诱使特许用户的接收机错锁信号，产生错误的导航信息。为了防止这种电子欺骗，进一步加密 P 码，美国将在必要时引入机密码 W 码，并通过 P 码和 W 码的模二相加，将 P 码转换为 Y 码。由于 W 码是严格保密的，所以非特许用户将无法继续应用 P 码进行精密定位并进行上述电子欺骗。这项技术只在特殊的情况下使用。

4．针对的 SA 和 AS 政策的对策

针对美国政府的 SA 和 AS 技术政策，应采取以下几项措施：

（1）改进 GPS 精密定位方法和软件，削弱 SA 和 AS 技术的影响。

在美国政府实施 SA 和 AS 技术时，采用差分 GPS 定位方法可以把一般用户的实时定位精度提高到 2~5 m，是削弱美国限制性政策影响的有效手段，目前已被广泛使用。比如：采用载波相位观测时，在基线长度不大于 20 km 的情况下，可以获得厘米级的实时定位精度，目前也在迅速发展中。

还可以应用 P-W 技术和 L_1、L_2 交叉相关技术，在 L_2 载波相位观测值得到恢复，其精度与使用 P 码相同。还有窄相关技术，可以使 C/A 码的多路径效应大大降低，使用 L_1 波段的伪距测量精度接近 P 码精度的技术。

（2）建立独立的 GPS 卫星测轨系统。

利用独立的 GPS 卫星，建立独立的跟踪系统，以精密的测定卫星的轨道，为用户提供精密星历服务，是一项经济有效的措施。它为精密工程测量、地壳变形监测、地球动力学研究提供精密的后处理星历，以获得精密的定位结果。这项措施在开发 GPS 的广泛应用方面具有重大的意义。为此，除美国一些民用部门外，加拿大、澳大利亚和欧洲一些国家都在建立自己的区域性或全球性精密测轨系统。而我国也紧跟潮流，在"八五"期间建立 GPS 跟踪站已经构网，建立了北京、武汉、上海、长春、昆明、拉萨和乌鲁木齐的 GPS 卫星跟踪站，其对我国利用和普及 GPS 定位技术，推进测绘科学技术的现代化，都具有重要的现实意义。

（3）使用能同时接受 GPS 和 GLONASS 信号的接收机。

俄罗斯和美国的两个系统，最大的区别在于：GLONASS 无 SA 技术，无需顾虑精度的降低和信号的加密。同时接受两个系统的卫星信号，就意味着把两者构成了一个拥有 48 颗卫星的组合系统，弥补了 GPS 的局限性，整体上改善了系统的有效性、完整性和定位精度，从而保证了在有障碍的环境中观测时同步的卫星个数和定位精度。

（4）发展 DGPS 和 WADGPS 差分系统。

目前已在不少国家和地区建立发展了 DGPS 和 WADGPS 差分系统，实时差分定位精度可达厘米级。实时差分 GPS 系统的发展，为 GPS 应用开辟了新的领域，在陆地、海洋、天空、民用、军用等各个领域中即将得到进一步的推广。

（5）建立独立的卫星导航与定位系统。

只有建立了属于自己的卫星导航定位系统，才能摆脱美国 GPS 政策的束缚。目前，一些国家和地区正在发展自己的卫星导航与定位系统。尤其是俄罗斯的全球导航定位系

统 GLONASS 引起了世界各国的兴趣。另外，还有欧洲空间局发展的以民用为主的 NAVSAT 等。

但是，这是一项技术要求十分复杂、耗费十分巨大的工程，对于发展中国家来说，还有一定的难度。

鉴于有这些国家的加入，迫使美国在 2000 年 5 月 1 日取消了 SA 政策，并提出了 GPS 现代化计划，包括增加 2 个民用频率信号、改善现有信号、改善地面设施以及开发第三代 GPS 卫星等措施。

任务三　GPS 测量的特点

1. GPS 相对于其他卫星定位系统的特点

GPS 系统是目前在导航定位领域应用最为广泛的系统，它以高精度、全天候、高效率、多功能、易操作等特点著称，比其他导航定位系统具有更强的优势。GPS 与 GLONASS 主要特征比较如表 1.1.2 所示。

表 1.1.2　GPS 与 GLONASS 主要特征比较

参　　数	GLONASS	GPS
系统中的卫星数	21 + 3	21 + 3
轨道平面数	3	6
轨道倾角	64.8	55°
轨道高度	19 100 km	20 180 km
轨道周期（恒星时）	11 h 15 min	12 h
卫星信号的区分	FDMA（频分多址）	CDMA（码分多址）
L_1 频率	1 602～1 615 MHz 频道间隔 0.562 5 MHz	1 575 MHz
L_2 频率	1 246～1 256 MHz 频道间隔 0.437 5 MHz	1 228 MHz

2. GPS 系统的定位精度

GPS 定位技术能够达到毫米级的静态定位精度和厘米级的动态定位精度。所达到的定位精度相对于其他的测量技术如图 1.1.8 所示。

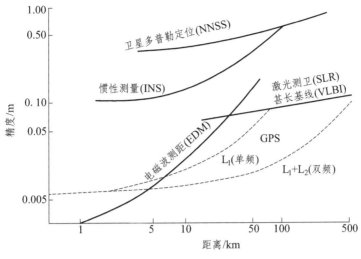

图 1.1.8　几种定位方法的精度比较

3. GPS 测量的特点

GPS 可为各类用户连续提供动态目标的三维位置、三维速度及时间信息。GPS 测量主要特点如下：

（1）功能多、用途广。

GPS 系统不仅可以用于测量、导航，还可以用于测速、测时。测速的精度可达 0.1 m/s，测时的速度可达几十毫微秒。其应用领域还在不断扩大。

（2）定位精度高。

大量的试验和工程应用表明，用载波相位观测量进行静态相对定位，在小于 50 km 的基线上，相对定位精度可达 $1 \times 10^{-6} \sim 2 \times 10^{-6}$，而在 100～500 km 的基线上可达 $10^{-6} \sim 10^{-7}$。随着观测技术与数据处理方法的改善，可望在大于 1 000 km 的距离上，相对定位精度达到或优于 10^{-8}。在实时动态定位（RTK）和实时差分定位（RTD）方面，定位精度可达到厘米级，能满足各种工程测量的要求。其精度如表 1.1.3 所示。随着 GPS 定位技术及数据处理技术的发展，其精度还将进一步提高。

表 1.1.3　GPS 实时定位、测速与测时精度

采用的测距码	P 码	C/A 码	L_1/L_2
单点定位/m	5～10	10～15	
差分定位/m	1	3～5	0.02
测速/（m/s）	0.1	0.3	
测时/ns	100	500	

（3）实时定位。

利用全球定位系统进行导航，即可实时确定运动目标的三维位置和速度，可实时保障运动载体沿预定航线运行，亦可选择最佳路线。特别是对军事上动态目标的导航，具有十分重要的意义。

（4）观测时间短。

目前，利用经典的静态相对定位模式，观测 20 km 以内的基线所需观测时间，对于单频接收机在 1 h 左右，对于双频接收机仅需 15~20 min。采用实时动态定位模式，流动站初始化观测 1~5 min 后，并可随时定位，每站观测仅需几秒钟。利用 GPS 技术建立控制网，可缩短观测时间，提高作业效益。

（5）观测站之间无需通视。

经典测量技术需要保持良好的通视条件，又要保障测量控制网的良好图形结构。而 GPS 测量只要求测站 15°以上的空间视野开阔，与卫星保持通视即可，并不需要观测站之间相互通视，因而不再需要建造觇标。这一优点即可大大减少测量工作的经费和时间（一般造标费用占总经费的 30%~50%）；同时，也使选点工作变得非常灵活，完全可以根据工作的需要来确定点位，无需通视，也使点位的选择变得更灵活，可省去经典测量中的传算点、过渡点的测量工作。

不过也应指出，测量虽然不要求观测站之间相互通视，但为了方便用常规方法联测的需要，在布设 GPS 点时，应该保证至少一个方向通视。

（6）操作简便。

GPS 测量的自动化程度很高。对于"智能型"接收机，在观测中测量员的主要任务只是安装并开关仪器，量取天线高，采集环境的气象数据，监视仪器的工作状态，而其他工作，如卫星的捕获、跟踪观测和记录等均由仪器自动完成。结束观测时，仅需关闭电源，收好接收机，便完成野外数据采集任务。

如果在一个测站上需要作较长时间的连续观测，还可实行无人值守的数据采集，通过网络或其他通讯方式，将所采集的观测数据传送到数据处理中心，实现全自动化的数据采集与处理。GPS 用户接收机一般质量较轻、体积较小。例如，Ashtech 单频接收机——LOCUS 最大重量 1.4 kg，是天线、主机、电源组合在一起的一体机，自动化程度较高，野外测量时仅"一键"开关，携带和搬运都很方便。

（7）可提供全球统一的三维地心坐标。

经典大地测量将平面和高程采用不同方法分别施测。GPS 测量中，在精确测定观测站平面位置的同时，可以精确测量观测站的大地高程。GPS 测量的这一特点，不仅为研究大地水准面的形状和确定地面点的高程开辟了新途径，同时也为其在航空物探、航空摄影测量及精密导航中的应用提供了重要的高程数据。

GPS 定位是在全球统一的 WGS-84 坐标系统中计算的，因此全球不同点的测量成果是相互关联的。

（8）全球全天候作业。

GPS 卫星较多，且分布均匀，保证了全球地面被连续覆盖，使得在地球上任何地点、任何时候进行观测工作，通常情况下，除雷雨天气不宜观测外，一般不受天气状况的影响。因此，GPS 定位技术的发展是对经典测量技术的一次重大突破。一方面，它使经典的测量理论与方法产生了深刻的变革；另一方面，也进一步加强了测量学与其他学科之间的相互渗透，从而促进了测绘科学技术的现代化发展。

任务四　GPS 测量技术应用

GPS 性能优异，应用范围极广。可以说，在需要导航和定位的部门都可利用 GPS。GPS 系统的建成和应用是导航定位技术的一次革命。

一、GPS 测量技术的应用

GPS 系统最初设计的主要目的是用于导航、收集情报等军事用途。但后来的应用开发表明，GPS 不仅可以达到上述目的，而且用 GPS 卫星信号能够进行厘米级甚至毫米级精度的静态相对位置定位，米级至亚米级精度的动态定位，亚米级至厘米级精度的速度测量和毫微秒级精度的时间测量。具体地说，GPS 系统主要有以下几方面的应用：

1.导　航

由于 GPS 系统能以较好的精度实时定出接收机所在位置的三维坐标，实现实时导航，因而 GPS 系统可用于轮船、舰艇、飞机、导弹、车辆等各种交通工具及运动载体的导航。在海湾战争中，美国等多国部队利用 GPS 接收机进行飞机和舰艇导航、弹道导弹制导以及各类军事服务（收集情报、绘制地图）。因此，美国军方使用后的结论是：GPS 是作战武器效率倍增器，是赢得海湾战争的重要技术条件之一。目前 GPS 导航型接收机的应用也非常普遍，可以为使用者实时提供三维位置、航向、航迹、速度、里程、距离等导航信息，广泛地用于旅游、探险等行业。GPS 导航定位的新发展主要体现在以下三方面：GPS 手机、基于 GPS 技术的车辆监控管理系统、基于 GPS 技术的智能车辆导航仪。手机功能的新趋势是将 GPS 纳入其中。一部"导航手机"在 GSM900/1800 的双频网络的覆盖下，借助可跨国接收的强力天线的感应以及 12 个通道的接收信号，就可实时显示出用户所在地，并显示出附近地势、地形、街道索引的道路蓝图，其稳定接收度直逼卫星电话。同时，因为 GPS 手机收讯人除了听到对方"救命"之声外，更可确切地显示待救者所在的位置，为那些爱征服恶劣环境的人多提供了一种崭新的安全设备。特大屏幕设计，除了方便察看地图，还可以方便浏览有关图表和详细列出的平均时速、所行路程的距离、时间、方位、路线及风速等数据资料。

基于 GPS 技术的车辆监控管理系统，将任何装有 GPS 接收机的移动目标的动态位置（经度、纬度、高度）、时间、状态等信息，实时地通过无线通讯网络传至监控中心，在具有强大的地理信息处理、查询功能的电子地图上显示移动目标的运动轨迹，对其准确位置、速度、运动方向、车辆状态等用户感兴趣的参数进行监控和查询，以确保车辆的安全，方便调度管理，提高运营效率。它还能及时地将车辆上人为产生的状态，如报警信息等送到监控中心，以迅速获得帮助。

基于 GPS 技术的智能车辆导航仪以电子地图为监控平台，通过 GPS 接收机实时获得车辆的位置信息，并在电子地图上显示出车辆的运动轨迹。当接近路口、立交桥、隧道等特殊路段时可以进行语音提示。作为辅助导航仪，可按照规定的行进路线使司机无论在熟悉或不熟悉的地域都可迅速到达目的地，该装置还设有最佳行进路线选择及线路偏离报警等多项辅助功能。

2. 授　时

随着社会的发展、生活节奏的加快，人们对时间的认识越来越深刻。准确、可靠的时间对社会和我们每个人都是十分重要的。目前世界各国都竞相研制各种授时和校时手段。授时方法有长短波授时、GPS 时间信号、卫星授时、电话授时和计算机网络授时等。

利用 GPS 可进行高精度的授时。因此，GPS 成为最为方便、最为精确的授时方法之一。利用 GPS 技术可提供自动化中需要的精确同步时间，可做出精确的授时钟，GPS 授时钟综合精度可优于 0.5 μs。电网调度自动化要求主站端与远方终端（RTU）的时间同步。目前，计算机故障录波器均有机内标准时间环节。由于时间元件自身误差和不同型号的录波器时间元件差异，往往造成各故障录波器在发生故障时记录时间差异较大，给分析系统事故带来不便。GPS 技术可以获得高可靠性及高精度的秒脉冲（IPPS），通过串口输出时间，能不断修正原来录波器时间元件，可使全系统故障录波器时间同步。

3. 高精度、高效率的地面测量

GPS 的出现给测绘领域带来了根本性的变革。具体表现是：在大地测量方面，GPS 定位技术以其精度高、速度快、费用省、操作简便等优良特性被广泛应用于大地控制测量中。时至今日，可以说 GPS 定位技术已基本取代了用常规测角、测距手段建立的大地控制网。一般将应用 GPS 卫星定位技术建立的控制网叫 GPS 网。归纳起来大致可以将 GPS 网分为两大类：一类是全球或全国性的高精度 GPS 网，这类 GPS 网中相邻点的距离在数百千米至上万千米，其主要任务是作为全球高精度坐标框架或全国高精度坐标框架，为全球性地球动力学和空间科学方面的科学研究工作服务，或用以研究地区性的板块运动或地壳形变规律等问题。另一类是区域性的 GPS 网，包括 GPS 城市网、矿区网和工程网等，这类网中的相邻点间的距离为几千米至几十千米，其主要任务是直接为国民经济建设服务。在工程测量领域，GPS 定位技术正在日益发挥其巨大作用。例如，利用 GPS 可进行各级工程控制网的测量，进行精密工程测量和工程变形监测；利用 GPS 进行机载航空摄影测量；利用 RTK 技术进行点位的测设等。在灾害监测领域，GPS 可用于地震活跃区的地震监测、大坝监测、油田下沉、地表移动和沉降监测等，此外还可用来测定极移和地球板块的运动。

4. GPS 连续运行站网和综合服务系统的应用

在全球地基 GPS 连续运行站的基础上组成的 IGS（International GPS Service），是 GPS连续运行站网和综合服务系统的范例。它无偿向全球用户提供 GPS 各种信息，如 GPS 精密星历、快速星历、预报星历、IGS 站坐标及其运动速率、IGS 站所接收信号的相位和伪距数据、地球自转速率等。在大地测量和地球动力学方面支持了电离层、气象、参考框架、精密时间传递、高分辨率地推算地球自转速率及其变化、地壳运动等科学项目。日本已建成近 1 200个 GPS 连续运行站网的综合服务系统，在以监测地壳运动和预报地震为主要功能的基础上，目前结合气象和大气部门开展 GPS 大气学的服务。

5. GPS 在卫星测高、地球重力场中的应用

重力探测技术的重要进展是开创了卫星重力探测时代，GPS 为卫星跟踪卫星和卫星重力梯度测量提供了精确的卫星轨道信息和时间信息。包括观测卫星轨道摄动以确定低阶重力场模型；利用卫星海洋测高，直接确定海洋大地水准面以及 GPS 结合水准测量直接测定大陆大地水准面，可获得厘米级的大地水准面。这一重力探测技术的突破，提供了一种可全球覆盖重复采集重力场信息的高效率技术手段。INS/GPS 组合系统、INS/重力精化大地水准面是局部重力场逼近的长期目标，也是大地测量应用本身（特别是 GPS 技术的广泛应用）及研究活动构造带地壳运动和时变重力场效应的需要。目前，以 EGM 96（包括其他较好的地球重力场模型）作为参考模型，同时利用高精度、高分辨率 DTM、GPS 水准、卫星测高数据、地面重力数据及航空重力数据，在数据覆盖较好的国家或地区以 10^{-6} 的相对精度和几千米的分辨率确定局部或区域大地水准面已成为现实。空基和星基 GPS 技术进入实用化阶段。

6. GPS 在大气监测中的应用

GPS 气象学（GPS / MET）的研究已成为热点之一。根据 GPS 接收机的位置，GPS 遥感大气水汽含量可分为地基和空基两种技术。地基 GPS 遥感技术能以较高的平面分辨率测定大气中可降水分，目前其精度可达到 1 ~ 2 mm。GPS 在遥感对流层方面，探测数据具有覆盖范围广（全球）、垂直分辨率高、精度高和长期稳定性高的特点，可测定大气中的水汽含量，提高数值大气预报的准确性和可靠性。通过测定电离层对 GPS 信号的延迟来确定单位体积内总自由电子含量（TE），以建立全球的电离层数字模型，即所谓提供"空间大气预报"。目前正在研究将这些星载的气象和电子浓度截面数值，结合地面 GPS 站数据，做成层析图像提供使用。它将在大气预报、空间大气预报、气象监测等方面作出巨大贡献。空基 GPS 用掩星法可提供电离层离子浓度和大气中可降水分的连续水平截面信息，结合地基 GPS 的垂直截面信息，可生成三维层析成像资料。

二、GPS 系统的应用前景及在我国的应用概况

利用 GPS 信号可以进行海、陆、空、地的导航，导弹制导，大地测量和工程测量的精密定位、时间传递和速度测量等。在测绘领域，GPS 定位技术已用于建立高精度的大地测量控制网，测定地球动态参数；建立陆地及海洋大地测量基准，进行高精度海陆联测及海洋测绘；监控地球板块运动状态和地壳变形；在工程测量方面，已成为建立城市与工程控制网的主要手段；在精密工程的变形监测方面，它也发挥着极其重要的作用；同时 GPS 定位技术也用于测定航空航天摄影瞬间相机的位置，可在无地面控制或仅有少量地面控制点的情况下进行航测快速成图，引起了地理信息系统及全球环境遥感监测的技术革命。

在日常生活方面是一个难以用数字预测的广阔领域，手表式的 GPS 接收机，将成为旅游者的忠实导游。GPS 将像移动电话、传真机、计算机互联网对我们生活的影响一样，人们的日常生活将越来越离不开它。GPS、RS（Remote System）、GIS（Geographic Information System）技术的集成，是 GPS 的一个重点应用方向。

中华人民共和国成立以来，我国的航天科技事业在自力更生、艰苦创业的征途上，逐步建立和发展，现已跻身于世界先进水平的行列。2005 年 10 月，成功地发射了"神舟六号"航天飞船，这表明我国已成为世界空间强国之一。从 1970 年 4 月把第一颗人造卫星送入轨道以来，我国已成功地发射了 30 多颗不同类型的人造卫星，为空间大地测量工作的开展创造了有利的条件。

20 世纪 70 年代后期，有关单位在从事多年理论研究的同时，引进并研制成功了各种人造卫星观测仪器。其中有人造卫星摄影仪、卫星激光测距仪和多普勒接收机。根据多年的观测实践，完成了全国天文大地网的整体平差，建立了 1980 年国家大地坐标系统。

20 世纪 80 年代初，我国一些大专院校和科研单位已开始研究 GPS 技术。20 多年来，我国的测绘工作者在 GPS 定位基础理论研究和应用开发方面做了大量的工作。80 年代中期，我国引进 GPS 接收机，并应用于各个领域，同时着手研究建立我国自己的卫星导航系统。

在大地测量方面，利用 GPS 技术开展国际联测，建立全球性大地控制网，提供高精度的地心坐标，测定和精化大地水准面，组织多个部门（10 多个单位，30 多台 GPS 双频接收机）参加 1992 年全国 GPS 定位大会战。经过数据处理，GPS 网点地心坐标优于 0.2 m，点间位置精度优于 10^{-8}。在我国建立了平均边长约 100 km 的 GPS A 级网，提供了亚米级精度地心坐标基准。在 A 级网的基础上，我国又布设了边长为 30～100 km、全国约 2 500 个点的 B 级网。A、B 级 GPS 网点都联测了几何水准。A、B 两级 GPS 控制网为我国各部门的测绘工作和建立各级测量控制网，提供了高精度的平面和高程三维基准。1990 年 3、4 月间，我国完成了南海群岛 5 个岛礁 8 个点位和陆地上 4 个大地测量控制点之间的 GPS 联测，初步建立了陆地南海大地测量基准，使海岛与全国大地网联成一个整体。

在工程测量方面，应用 GPS 静态相对定位技术，布设精密工程控制网，用于城市、矿区和油田地面沉降监测、大坝变形监测、高层建筑变形监测、隧道贯通测量等精密工程。加密测图控制点，应用 GPS 实时动态定位技术（简称 RTK）测绘各种比例尺地形图和施工放样。2005 年"珠峰高度"测量中，利用 GPS 技术参与测量，为精确测定珠峰高度提供了科技保障。我国的一些城市正在建立"GPS 台站网"，这将为城市基础测绘和"数字城市"建设提供高精度的定位技术服务。

在航空摄影测量方面，我国测绘工作者也经历了应用 GPS 技术进行航测外业控制测量、航摄飞行导航、机载 GPS 航测等航测成图的各个阶段。

在地球动力学方面，GPS 技术用于全球板块运动监测和区域板块运动监测。我国已开始用 GPS 技术监测南极洲板块运动、青藏高原地壳运动、四川鲜水河地壳断裂运动，建立了中国地壳形变观测网、三峡库区形变观测网、首都圈 GPS 形变观测网等，地震部门在我国多地震活动断裂带布设了规模较大的地壳形变 GPS 监测网。

在海洋测绘方面，GPS 技术已经用于海洋测量和水下地形测绘。

国家标准《全球定位系统（GPS）测量规范》（GB/T 18314）已于 1992 年 10 月 1 日起实施，并于 2009 年 9 月 1 日起实施新的国家标准。同时还颁布实施了标准《卫星定位城市测量技术规范》（CJJ/T 73—2010）等一系列行业规程规范。

在科研院所，广泛地开展了 GPS 静态定位和动态定位的理论及应用技术的研究，研制开发了一系列 GPS 高精度定位软件和 GPS 网与地面网联合平差软件以及精密定轨软件，实现了商品化，并打入国际市场。在理论研究与应用开发的同时，培养和造就了拥有一大批技术人才的产业队伍。

我国在 GPS 卫星定轨跟踪网及 GPS 精密星历服务工作方面取得了显著成果。先后建成了北京、武汉、上海、西安、拉萨、乌鲁木齐等永久性的 GPS 跟踪站，进行对 GPS 卫星的精密定轨，为高精度的 GPS 定位测量提供观测数据和精密星历服务，致力于为我国自主的广域差分 GPS（WADGPS）方案的建立，参与全球导航卫星系统（GNSS）和 GPS 增强系统（WAAS）的筹建。同时，我国已着手建立自己的卫星导航系统（双星定位系统），能够生产导航型和大地型 GPS 接收机。我国 GPS 技术的应用正向更深层次方向发展。

此外，在军事、交通、邮电、地矿、煤矿、石油、建筑、农业、气象、土地管理、金融、公安等部门和行业，在航空航天、测时授时、物理探矿、姿态测定等领域，也都开展了 GPS 技术的研究和应用，已遍及国民经济各部门，并开始逐步深入人们的日常生活，卫星定位系统已成为继通信、互联网之后的第三个 IT 新增长点。目前，我国的 GPS 应用在以下两方面将得到迅速发展：

（1）以车载导航为核心的移动目标监控、管理与服务市场快速启动。基于位置的信息服务无疑将是未来卫星导航定位技术最广阔、最具潜力和最引人注目的发展方向之一。同时出现了为汽车拥有者提供财产监控、导航服务、报警寻车等服务，并考虑了娱乐、交通信息提供、信息定制、移动办公等应用框架。

（2）面向个人消费者的移动信息终端将大为流行。出于社会安全考虑，美国政府规定到 2010 年每一台个人手机，都必须有卫星移动定位功能。随着卫星导航定位设备的小型化甚至芯片化，各种嵌入式电子产品种类极大丰富，并与人们的生活越来越紧密地结合在一起。

现在 GPS 技术已发展成多领域（陆地、海洋、航空航天）、多模式（GPS、LADGPS、WADGPS）、多用途（在途导航、精密定位、精确定时、卫星定轨、灾害监测、资源调查、工程建设、市政规划、海洋开发、交通管制等）、多机型（测地型、定时型、手持型、集成型、车载式、船载式、机载式、星载式、弹载式等）的高新技术国际型产业。其应用领域，上至航空航天器，下至捕鱼、导游和农业生产，已经无处不在了。正如人们所说的，"GPS 的应用，仅受人类想象力的制约。"

本项目小结

在本项目中，主要讲述了全球卫星定位系统的发展过程，简单地介绍了 NNSS 系统、GLONASS 系统、中国"北斗"系统和"伽利略"（GALILEO）计划的基本情况，重点介绍了 GPS 系统的发展、系统特点、应用以及美国的限制性政策。对本项目的学习要重点突出 GPS 系统的定义，GPS 定位系统相对于与其他定位系统的特点，理解和掌握 GPS 测量技术相对于常规测量技术的各项特点。

习　题

1-1　简述卫星定位技术的发展过程。

1-2　简述 NNSS 系统的基本情况及特点。

1-3　简述 GLONASS 系统的基本情况及特点。

1-4　简述"伽利略"（GALILEO）计划的基本情况及特点。

1-5　GPS 系统的定义是什么？简述 GPS 系统的基本情况和特点。

1-6　为什么说 GPS 定位技术的应用是测绘发展史上的一场革命？

1-7　GPS 测量技术相对于常规测量技术有什么特点？

1-8　GPS 定位技术在我国的应用情况如何？

1-9　请结合您身边的生活和科技应用，描述 GPS 定位技术的应用前景。

1-10　GPS 的限制性政策有哪些？

1-11　针对 SA 政策和 AS 措施的对策有哪些？

子项目二 GPS 定位的坐标系统及时间系统

GPS 测量技术是通过安置于地球表面的 GPS 接收机，接收 GPS 卫星信号来测定地面点位置。观测站固定在地球表面，其空间位置随地球自转而变动，而 GPS 卫星围绕地球质心旋转且与地球自转无关。因此，在卫星定位中，需建立两类坐标系统和统一的时间系统。本子项目主要介绍几种常用的坐标系、坐标系之间的转换模型以及 GPS 时间系统。

任务一 GPS 测量的坐标系统

一、概　述

由 GPS 定位的原理可知，GPS 定位是以 GPS 卫星为动态已知点，根据 GPS 接收机观测的星站距离来确定接收机或测站的位置。而位置的确定离不开坐标系。GPS 定位所采用的坐标系与经典测量的坐标系相同之处甚多，但也有其显著的特点，主要如下：

（1）由于 GPS 定位以沿轨道运行的 GPS 卫星为动态已知点，而 GPS 卫星轨道与地面点的相对位置关系是时刻变化的，为了便于确定 GPS 卫星轨道及卫星的位置，须建立与天球固连的空固坐标系。同时，为了便于确定地面点的位置，还须建立与地球固连的地固坐标系。因而，GPS 定位的坐标系既有空固坐标系，又有地固坐标系。

（2）经典大地测量是根据地面局部测量数据确定地球形状、大小，进而建立坐标系的，而 GPS 卫星覆盖全球，因而由 GPS 卫星确定地球形状、大小建立的地球坐标系是真正意义上的全球坐标系，而不是以区域大地测量数据为依据建立的局部坐标系，如我国 "1980 年国家大地坐标系"。

（3）GPS 卫星的运行是建立在地球与卫星之间的万有引力基础上的，而经典大地测量主要是以几何原理为基础的，因而 GPS 定位中采用的地球坐标系的原点与经典大地测量坐标系的原点不同。经典大地测量是根据本国的大地测量数据进行参考椭球体定位，以此参考椭球体中心为原点建立坐标系，称为参心坐标系。而 GPS 定位的地球坐标系原点在地球的质量中心，称为地心坐标系。因而进行 GPS 测量，常需进行地心坐标系与参心坐标系的转换。

（4）对于小区域而言，经典测量工作通常无须考虑坐标系的问题，只需简单地使新点与已知点的坐标系一致便可；而 GPS 定位中，无论测区多么小，都涉及 WGS-84 地球坐标系与当地参心坐标系的转换问题。

由此可见，GPS 定位中所采用的坐标系比较复杂。为便于学习掌握，可将坐标系进行如表 1.2.1 所示分类。

表 1.2.1　GPS 测量坐标系分类

坐标系分类	坐标系特征
空固坐标系与地固坐标系	空固坐标系与天球固连，与地球自转无关，用来确定天体位置较方便。地固坐标系与地球固连，随地球一起转动，用来确定地面点位置较方便
地心坐标系与参心坐标系	地心坐标系以地球的质量中心为原点，如 WGS-84 坐标系和 ITRF 参考框架均为地心坐标系。而参心坐标系以参考椭球体的几何中心为原点，如"北京 54 坐标系"和"80 国家大地坐标系"
空间直角坐标系、球面坐标系、大地坐标系及平面直角坐标系	经典大地测量采用的坐标系通常有两种：一是以大地经纬度表示点位的大地坐标系；二是将大地经纬度进行高斯投影或横轴墨卡托投影后的平面直角坐标系。在 GPS 测量中，为进行不同大地坐标系之间的坐标转换，还会用到空间直角坐标系和球面坐标系
国家统一坐标系与地方独立坐标系	我国国家统一坐标系常用的是"80 国家大地坐标系"和"北京 54 坐标系"，采用高斯投影，分 6°带和 3°带。而对于诸多城市和工程建设来说，因高斯投影变形以及高程归化变形而引起实地上两点间的距离与高斯平面距离有较大差异，为便于城市建设和工程的设计、施工，常采用地方独立坐标系，即通过测区中央的子午线为中央子午线，以测区平均高程面代替参考椭圆体球进行高斯投影而建立的坐标系

二、天球坐标系

天球坐标系属于空固坐标系，是不随地球一起自转但随地球一起公转的坐标系，其坐标原点及各坐标轴指向在空间保持不变，便于描述天体及卫星的位置和运行状态。

1. 天球的概念

以地球质心 M 为球心，以任意长为半径的假想球体称为天球。天文学中常将天体沿天球半径方向投影到天球面上，再根据天球面上的参考点、线、面来确定天体位置。天球面上的参考点、线、面如图 1.2.1 所示。

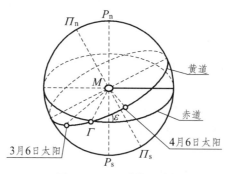

图 1.2.1　天球的概念

（1）天轴与天极。

地球自转轴的延伸直线为天轴，天轴与天球面的交点称为天极，交点 P_n 为北天极，位于北极星附近，P_s 为南天极。位于地球北半球的观测者，因地球遮挡不能看到南天极。

（2）天球赤道面与天球赤道。

通过地球质心 M 且垂直于天轴的平面称为天球赤道面，与地球赤道面重合。天球赤道面与天球面的交线称为天球赤道。

（3）天球子午面与天球子午圈。

包含天轴的平面称为天球子午面，与地球子午面重合。天球子午面与天球面的交线为一大圆，称为天球子午圈。天球子午圈被天轴截成的两个半圆称为时圈。

（4）黄道。

地球绕太阳公转的轨道面称为黄道面。黄道面与赤道面的夹角 ε 称为黄赤交角，约为 23.5°。黄道面与天球面相交成的大圆叫黄道，也就是地球上的观测者见到的太阳在天球面上的运行轨道。由于地球自转，对于地面上的观测者来说，天球赤道面不动而黄道面每日绕天轴旋转一周。又由于地球绕太阳公转，直观上看，太阳在黄道上每日自西向东运行约 1°，每年运行一周。而斗柄在天球上的指向每年自东向西旋转一周。由于黄赤交角的缘故，在地球自转与公转的共同作用下产生了一年四季的变化。

（5）黄极。

通过天球中心且垂直于黄道面的直线与天球面的两个交点称为黄极，靠近北天极 P_n 的交点 Π_n 称为北黄极，Π_s 称为南黄极。

（6）春分点。

当太阳在黄道上从天球南半球向北半球运行时，黄道与天球赤道的交点称为春分点，也就是春分时刻太阳在天球上的位置，如图 1.2.1 中的 Γ。春分之前，春分点位于太阳以东。春分过后，春分点位于太阳以西。春分点与太阳之间的距离每日改变约 1°。

2. 天球坐标系

常用的天球坐标系有天球空间直角坐标系和天球球面坐标系。

天球空间直角坐标系的坐标原点位于地球质心。z 轴指向北天极 P_n，x 轴指向春分点 Γ，y 轴垂直于 xMz 平面，与 x 轴和 z 轴构成右手坐标系。即伸开右手，大拇指和食指伸直，其余三指曲 90°，大拇指指向 z 轴，食指指向 x 轴，其余三指指向 y 轴。在天球空间直角坐标系中，任一天体的位置可用天体的三维坐标（x，y，z）表示，见图 1.2.2。

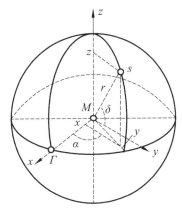

图 1.2.2　天球空间直角坐标系与天球球面坐标系

天球球面坐标系的坐标原点也位于地球质心。天体所在天球子午面与春分点所在天球子午面之间的夹角称为天体的赤经，用 α 表示；天体到原点 M 的连线与天球赤道面之间的夹角称为赤纬，用 δ 表示；天体至原点的距离称为向径，用 r 表示。这样，天体的位置也可用三维坐标（α，δ，r）唯一确定。

3. 岁差与章动的影响

地球绕自转轴旋转，在无外力矩作用时，其旋转轴指向应该不变。但由于日月对地球赤道隆起部分的引力作用，使得地球自转受到外力矩作用而发生旋转轴的进动现象。即从北天极上方观察时，北天极绕北黄极在圆形轨道上沿顺时针方向缓慢运动，致使春分点每年西移50.2″，25 800 年移动一周。这种现象叫岁差。在岁差影响下的北天极称为瞬时平北天极，相应的春分点称为瞬时平春分点。瞬时平北天极绕北黄极旋转的圆称为岁差圆，见图 1.2.3。

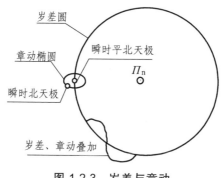

图 1.2.3　岁差与章动

事实上，由于月球轨道和月地距离的变化，使实际北天极沿椭圆形轨道绕瞬时平北天极旋转，这种现象叫章动，周期为 18.6 年。在章动影响下，实际的北天极称为瞬时北天极，相应的春分点称为真春分点。瞬时北天极绕瞬时平北天极旋转的椭圆叫章动椭圆，长半径约为 9.2″。

4. 协议天球坐标系

由以上可知，北天极和春分点是运动的，这样，在建立天球坐标系时，z 轴和 x 轴的指向也会随之而运动，给天体位置的描述带来不便。为此，人们通常选择某一时刻作为标准历元，并将标准历元的瞬时北天极和真春分点作章动改正，得 z 轴和 x 轴的指向，这样建立的坐标系称为协议天球坐标系。国际大地测量学协会（IAG）和国际天文学联合会（IAU）决定，从 1984 年 1 月 1 日起，以 2000 年 1 月 15 日为标准历元。也就是说，目前使用的协议天球坐标系，其 z 轴和 x 轴分别指向 2000 年 1 月 15 日的瞬时平北天极和瞬时平春分点。为了便于区别，z 轴和 x 轴分别指向某观测历元的瞬时平北天极和瞬时平春分点的天球坐标系，称为平天球坐标系；z 轴和 x 轴分别指向某观测历元的瞬时北天极和真春分点的天球坐标系称为瞬时天球坐标系。

为了将协议天球坐标系的坐标转换为瞬时天球坐标系的坐标，须经过如下两个步骤的坐标转换。

（1）将协议天球坐标系的坐标转换为瞬时平天球坐标系的坐标。

以 $(x, y, z)_{Mt}^{T}$ 和 $(x, y, z)_{CIS}^{T}$ 分别表示天体在瞬时天球坐标系和协议天球坐标系中的坐标，因两坐标系原点同为地球质心，所以只要将协议天球坐标系的坐标轴旋转三次，便可转换为瞬时天球坐标系的坐标。转换公式如下：

$$\begin{pmatrix} x \\ y \\ z \end{pmatrix}_{Mt} = R_z(-z) R_y(\theta) R_z(-\zeta) \begin{pmatrix} x \\ y \\ z \end{pmatrix}_{CIS} \tag{1.2.1}$$

式中，ζ、θ、z 为坐标系绕 z 轴和 x 轴旋转的角度，其值由观测历元与标准历元之间的时间差计算。负号表示旋转向量与该坐标轴方向相反，无负号表示旋转向量与该坐标轴方向相同。$R_z(-z)$、$R_y(\theta)$、$R_z(-\zeta)$ 为坐标变换矩阵。

（2）将瞬时平天球坐标系的坐标转换为瞬时天球坐标系的坐标。

以 $(x, y, z)_t^{T}$ 表示瞬时天球坐标系的坐标，则转换公式如下：

$$\begin{pmatrix} x \\ y \\ z \end{pmatrix}_{t} = R_x(-\varepsilon - \Delta\varepsilon) R_z(-\Delta\psi) R_x(\varepsilon) \begin{pmatrix} x \\ y \\ z \end{pmatrix}_{Mt} \tag{1.2.2}$$

式中，ε 为观测历元的平黄赤交角；$\Delta\psi$，$\Delta\varepsilon$ 分别为黄经章动和交角章动。

三、地球坐标系

地球坐标系为固连在地球上，并与地球一起公转和自转的坐标系，便于描述地面点的位置，又称地固坐标系。

地球坐标系根据坐标系原点位置的不同，又分为地心坐标系和参心坐标系。

地球坐标系根据表现形式不同，又分为空间直角坐标系与大地坐标系。

1. 地心坐标系

地心坐标系是以地球质心（包括海洋和大气的整个地球的质量中心）为原点的坐标系，其椭球中心与地球质心重合，且椭球定位与全球大地水准面最为密合。相对于参心坐标系，地心坐标系是全球性的坐标系。

通常用两种表现形式：地心空间直角坐标系与地心大地坐标系。

目前常用的 WGS-84 坐标系和 2000 国家大地坐标系均属于地心坐标系。

（1）WGS-84 坐标系。

WGS-84 坐标系是美国根据卫星大地测量数据建立的大地测量基准，是目前 GPS 所采用的坐标系。GPS 卫星发布的星历就是基于此坐标系的，用 GPS 所测的地面点位，如不经过坐标系的转换，也是此坐标系中的坐标。WGS-84 坐标系定义如表 1.2.2 所示。

表 1.2.2　WGS-84 坐标系定义

坐标系类型	WGS-84 坐标系属地心坐标系
原点	地球质量中心
z 轴	指向国际时间局定义的 BIH1984.0 的协议地球北极
x 轴	指向 BIH1984.0 的起始子午线与赤道的交点
参考椭球	椭球参数采用 1979 年第 17 届国际大地测量与地球物理联合会推荐值
椭球长半径	$a = 6\ 378\ 137$ m
椭球扁率	$f = 1/298.257\ 223\ 563$
地球重力场二阶带球谐系数	$J_2 = 1\ 082.63 \times 10^{-6}$
地心引力常数 GM	$GM = 3.986\ 004\ 418 \times 10^{14}$ m^3/s^2
自转角速度	$\omega = 7.292\ 115 \times 10^{-5}$ rad/s

（2）2000 国家大地坐标系。

我国于 2008 年 7 月 1 日起，全面启用"2000 国家大地坐标系"。2000 国家大地坐标系的建立，标志着我国测绘科学技术取得了巨大进步，从此进入了一个崭新的发展阶段，体现了世界级的先进水平，2000 国家大地坐标系定义如表 1.2.3 所示。

表 1.2.3　2000 国家大地坐标系定义

坐标系类型	2000 国家大地坐标属地心坐标系
原点	地球质量中心
z 轴	指向历元 2000.0 的地球参考级的方向，该历元的指向由国际时间局给定的历元 1984.0 的初始指向推算，定向的时间演化保证相对于地壳不产生残余的全球旋转
x 轴	指向格林尼治参考子午线与赤道面（历元 2000.0）的交点
椭球长半径	$a = 6\ 378\ 137$ m
椭球扁率	$f = 1/298.257\ 222\ 101$
地球重力场二阶带球谐系数	$J_2 = 1\ 082.629\ 832\ 258 \times 10^{-6}$
地心引力常数 GM	$GM = 3.986\ 004\ 418 \times 10^{14}$ m^3/s^2
自转角速度	$\omega = 7.292\ 115 \times 10^{-5}$ rad/s

（3）ITRF 国际参考框架。

国际地球参考框架 ITRF 是一个地心参考框架；是目前精度最高、影响最大的地球参考框架。国际地球自转服务组织（IERS）每年将其所属全球站的观测数据进行综合处理分析，得到一个 ITRF 框架，并以 IERS 年报和 IERS 技术备忘录的形式发布。自 1988 年起，IERS 已经发布了 ITRF88、ITRF89、ITRF90、ITRF91、ITRF92、ITRF93、ITRF94、ITRF96、ITRF97、

ITRF2000 等全球坐标参考框架。各框架在原点、定向、尺度及时间演变基准的定义上有微小差别。

目前 ITRF 参考框架已在世界上得到广泛应用，我国各地建立的网络系统也为用户提供 ITRF 框架的转换服务。

2. 参心坐标系

在经典大地测量中，为了处理观测成果和传算地面控制网的坐标，通常须选取一参考椭球作为基本参考面，选一参考点作为大地测量的起算点（称为大地原点），利用大地原点天文观测量来确定参考椭球在地球内部位置和方向。由此确定的参考椭球，其中心一般不会和地球质心重合。这种坐标原点位于参考椭球中心的坐标系称为参心坐标系。相对于地心坐标系，参心坐标系又称为区域坐标系。

同样，参心坐标系也有两种表现形式：参心直角坐标系和参心大地坐标系。

由于参心坐标系所采用的参考椭球不同、参考椭球的定位与定向不同，因而有不同的参心坐标系。我国常用的参心坐标系有：1954 年北京坐标系和 1980 年国家大地坐标系。

（1）1954 年北京坐标系。

1954 年北京坐标系在一定意义上可看成是苏联 1942 年坐标系的延伸，见表 1.2.4。其建立方法是，依照 1953 年我国东北边境内若干三角点与苏联境内的大地控制网连接，将其坐标延伸到我国，并在北京市建立了名义上的坐标原点，并定名为"1954 年北京坐标系"（简称北京 54 坐标系）。以后经分区域局部平差，扩展、加密而遍及全国。因此，1954 年北京坐标系，实际上是苏联 1942 年坐标系，原点不在北京，而在苏联的普尔科沃。

几十年来，我国按 1954 年北京坐标系建立了全国大地控制网，完成了覆盖全国的各种比例尺地形图，以满足经济、国防建设的需要。由于各种原因，1954 年北京坐标系存在如下主要缺点和问题：

① 克拉索夫斯基椭球体长半轴（$a = 6\,378\,245$ m）比 1975 年国际大地测量与地球物理联合会推荐的更精确地球椭球长半轴（$a = 6\,378\,140$ m）大 105 m。

② 1954 年北京坐标系所对应的参考椭球面与我国大地水准面存在着自西向东递增的系统性倾斜，高程异常（大地高与海拔高之差）最大为 + 65 m（全国范围平均为 29 m），且出现在我国东部沿海经济发达地区。

③ 提供的大地点坐标，未经整体平差，是分级、分区域的局部平差结果，使点位之间（特别是分别位于不同平差区域的点位）的兼容性较差，影响了坐标系本身的精度。

表 1.2.4 1954 年北京坐标系定义

坐标系类型	1954 年北京坐标系属参心坐标系
原点	位于苏联的普尔科沃
参考椭球	椭球参数采用 1940 年克拉索夫斯基椭球参数
椭球长半径	$a = 6\,378\,245$ m
椭球扁率	$f = 1/298.3$

（2）1980 年国家大地坐标系。

针对 1954 年北京坐标系的缺点和问题，1978 年我国决定建立新的国家大地坐标系，该坐标系统取名为"1980 年国家大地坐标系"（简称西安 80 坐标系）。该大地坐标系原点设在处于我国中心位置的陕西省泾阳县永乐镇，位于西安市西北方向约 60 km 处，简称"西安原点"。1980 年国家大地坐标系定义如表 1.2.5。

表 1.2.5 1980 年国家大地坐标系定义

坐标系类型	1980 年国家大地测量坐标系属参心坐标系
原点	位于我国中部——陕西省泾阳县永乐镇
z 轴	平行于地球质心指向我国定义的 1968.0 地极原点（JYD）方向
x 轴	起始子午面平行于格林尼治平均天文子午面
参考椭球	椭球参数采用 1975 年第 16 届国际大地测量与地球物理联合会的推荐值
椭球长半径	$a = 6\ 378\ 140\ \text{m}$
椭球扁率	$f = 1/298.257$
地球重力场二阶带球谐系数	$J_2 = 1\ 082.63 \times 10^{-6}$
地心引力常数 GM	$GM = 3.986\ 005 \times 10^{14}\ \text{m}^3/\text{s}^2$
自转角速度	$\omega = 7.292\ 115 \times 10^{-5}\ \text{rad/s}$

该坐标系的主要优点如下：

① 地球椭球体元素，采用 1975 年国际大地测量与地球物理联合会推荐的更精确的参数。

② 椭球定位以我国范围高程异常值平方和最小为原则求解参数，椭球面与我国大地水准面获得了较好地吻合。高程异常平均值由 1954 年北京坐标系的 29 m 减至 10 m，最大值出现在西藏的西南角（+40 m），全国广大地区多数在 15 m 以内。

③ 全国整体平差，消除了分区局部平差对控制的影响，提高了平差结果的精度。

④ 大地原点选择在我国中部，缩短了推算大地坐标的路程，减少了推算误差的积累。

不可否认，建立 1980 年国家大地坐标后，也带来了新的问题和附加工作，主要体现在地形图图廓线和方里网线位置的改变，改变大小随点位而异，我国东部地区其变化最大约为 80 m，平均约为 60 m。图廓线位置的改变，使新旧地形图接边时产生裂隙。如 80 m 的变化，在 1∶5 万地形图上表现为 1.6 mm、在 1∶1 万地形图上表现为 8 mm。方里线位置的改变，不仅与坐标系的变化有关，而且还将包括因椭球参数的改变所带来的投影后平面坐标变化的影响。

3. 空间直角坐标系与大地坐标系

无论是天球坐标系或地球坐标系，还是地心坐标系或参心坐标系，按表现形式又可以分为空间直角坐标系与大地坐标系。

空间直角坐标系的坐标原点位于地球质心（地心坐标系）或参考椭球中心（参心坐标系），以笛卡尔坐标的形式，z轴、x轴、y轴构成右手坐标系。

大地坐标系是用大地经度 L、大地纬度 B 和大地高 H 表示地面点位的。过地面点 P 的子午面与起始子午面间的夹角叫 P 点的大地经度。由起始子午面起算，向东为正，叫东经（0°~180°）；向西为负，叫西经（0°~-180°）；过 P 点的椭球法线与赤道面的夹角叫 P 点的大地纬度。由赤道面起算，向北为正，叫北纬（0°~90°），向南为负，叫南纬（0°~90°）。从地面点 P 沿椭球法线到椭球面的距离叫大地高。

地面上任意点的位置，在空间直角坐标系中坐标表示为$(x，y，z)_P$；在大地坐标系中坐标表示为$(B，L，H)_P$。两种坐标的关系如图 1.2.4 所示。

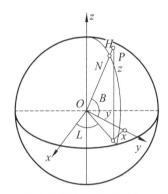

图 1.2.4　地球空间直角坐标系与大地坐标系

4. 高斯–克吕格平面直角坐标系

空间直角坐标系和大地坐标系不便于在平面上表达空间点的位置关系，因此，为了便于绘制平面图形，地面点应沿椭球法线投影到椭球面上，再通过地图投影方式，将椭球面上的点投影到平面上。我国统一规定：1∶50 万以及更大比例尺地形图采用高斯-克吕格投影。

高斯-克吕格投影属于横轴等角切椭圆柱投影。其原理是：假设用一个椭圆柱面横向套在地球上，使椭圆柱面的轴线通过地心，椭圆柱面与地球椭球面某一经线相切，此经线称为中央经线，以这种椭圆柱面作为投影面。地面点的位置最终以平面坐标 x、y 和高程 H 表示，见表 1.2.5。

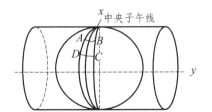 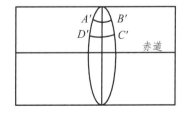

图 1.2.5　高斯-克吕格投影的几何概念

为了使变形控制在一个较小的范围内，该投影采用分带投影的办法，即在中央经线东西两侧 3°作为一个投影带，投影带的边界即为中央经线东西两侧 3°的经线。两条经线在地球南北极相交，形成如同一个花瓣形状的条带。将这样的条带内的地表地物点位逐一投影到椭圆柱面上，然后将此条带展开铺平，再缩小，将其按一定要求分割形成地图。在椭圆柱面内"旋转"地球球面，旋转角度 6°，又形成另一花瓣形状的条带，又可生成这一条带区域内的地图。总共旋转 60 次，就可以将地球每一个区域囊括，如图 1.2.6 所示。这就是高斯-克吕格投影分带制作地图的原理。

以上面方法，制作 1：2 万～1：50 万地形图采用 6°分带；1：1 万以及更大比例尺地形图采用 3°分带，以保证必要的精度。在 6°分带或 3°分带以内，由于地图图幅的限制，按照比例尺的不同，对每一分带内还要按经线与纬线进行分幅。

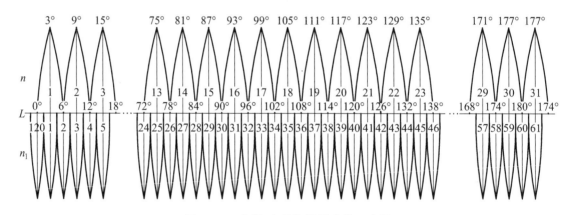

图 1.2.6　高斯-克吕格投影分带示意图

5. 地方坐标系

高斯-克吕格平面直角坐标系在建立过程中，会产生以下两种变形：

（1）高程归化变形。

由于椭球面上两点的法线不平行，在不同高度上测量两点的两条法线之间的距离也不相同，高度越大，距离越长。如图 1.2.7 所示，将 A、B 两点沿法线投影到椭球面上，会引起椭球面上的距离 D_{AB} 与地面上的距离 S_{AB} 不等，其差值称为高程归化变形。对于一般工程而言，$(S_{AB} - D_{AB})/D_{AB}$ 应不超过 1/40 000。因 $(S_{AB} - D_{AB})/D_{AB} = H/R$，由此求得 H 应不超过 160 m。

在我国东部沿海地区，地面高程一般较小，可以不考虑高程归化变形。而对于中西部地区，地面高程较大，高程归化变形引起的图上长度与实地长度相差过大，不利于工程建设。所以需要用测区平均高程面代替椭球面，将地面点沿法线投影到测区平均高程面上之后，再进行高斯投影。例如，某测区地面到北京 54 椭球的距离为 1 500～1 800 m，则可选择 1 650 m 的高程面作为测区平均高程面，也就是将北京 54 的椭球长半径由 6 378 245 m 增大到 63 279 895 m，而椭球扁率仍为 1/298.3。

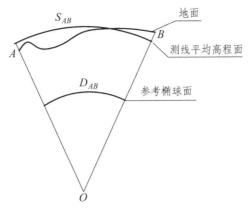

图 1.2.7　高程归化变化

（2）高斯投影长度变形。

在高斯投影时，中央子午线投影后长度不变，离中央子午线越远，长度变形越大。设 A、B 两点在椭球面上的长度为 D_{AB}，在高斯平面上的长度为 L_{AB}，则

$$\frac{L_{AB} - D_{AB}}{L_{AB}} = \frac{y_{\mathrm{m}}^2}{2R^2} \tag{1.2.3}$$

一般工程要求这一变形不超过 1/40 000，由此求得 AB 离中央子午线的距离应不超过 45 km。对于国家 3°带，离中央子午线的最大距离可达 167 km。所以，当测区到中央子午线的距离超过 45 km 时，应重新选择中央子午线。例如，某测区经度为 106°12′~106°30′，则该测区所在 3°带中央子午线经度为 105°，测区纬度为 32°30′~32°38′，该测区离 3°带中央子午线的最大距离为 150 km，因此，在高斯投影时应另行选择中央子午线经度为 106°21′。

综上所述，当测区高程大于 160 m 或离中央子午线距离大于 45 km 时，不应采用国家统一坐标系而应建立地方坐标系。建立地方坐标系的最简单的方法如下：

① 选择测区任意带中央子午线经度，使中央子午线通过测区中央，并对已知点的国家统一坐标（x_i，y_i）进行换带计算，求得已知点在该带中的坐标（x_i'，y_i'）。

② 选择测区平均高程面的高程 h_0，使椭球长半径增大 h_0，或者将已知点在任意带中的坐标增量增大（$1 + h_0/R$）倍，求得改正后坐标增量 $\Delta x'$、$\Delta y'$

$$\left. \begin{array}{l} \Delta x' = \Delta x\left(1 + \dfrac{h_0}{R}\right) \\[2mm] \Delta y' = \Delta y\left(1 + \dfrac{h_0}{R}\right) \end{array} \right\} \tag{1.2.4}$$

③ 选择一个已知点作为坐标原点，使该点坐标仍为任意带坐标不变，即

$$\left. \begin{array}{l} x_0'' = x_0' \\ y'' = y_0' \end{array} \right\} \tag{1.2.5}$$

或者给原点坐标加一个常数

$$\left.\begin{array}{l} x_0'' = x_0' + C_x \\ y_0'' = y_0' + C_y \end{array}\right\} \qquad (1.2.6)$$

或者直接取原点坐标为某值。

④ 其他各已知点坐标按原点坐标和改正后坐标增量计算，即

$$\left.\begin{array}{l} x_i'' = x_0'' + \Delta x_{0\sim i}' \\ y_i'' = y_0'' + \Delta y_{0\sim i}' \end{array}\right\} \qquad (1.2.7)$$

由于高程归化变形与高斯投影变形的符号相反，所以，可将地面长度投影到参考椭球面而不选择测区平均高程面，用适当选择投影带中央子午线的方法抵消高程归化变形；也可使中央子午线与国家统一坐标的中央子午线一致，而通过适当选择高程面来抵消高斯投影变形。

6. 地极移动与协议地球坐标系

由于地球不是刚体，在地幔对流以及其他物质迁移的影响下，地球自转轴相对于地球体发生移动，这种现象叫地极移动，简称极移。在建立地球坐标系时，如果使 z 轴指向某一观测时刻的地球北极，这样的地球坐标系称为瞬时地球坐标系。显然，瞬时地球坐标系并未与地球固连，因而，地面点在瞬时地球坐标系中的位置也是变化的。

为了比较简明地描述地极移动规律，国际纬度局根据 1900—1905 年期间 5 个国际纬度站的观测结果取平均，定义了协议原点（CIO）。过 CIO 作地球切平面，并以 CIO 为原点建立平面直角坐标系，其中 x_P 轴指向格林尼治方向，y_P 轴指向西经 90° 方向。某一观测时刻的地极位置可用瞬时地极坐标 x_P 和 y_P 表示。国际地球自转服务组织（IERS）定期公布瞬时地极坐标和各年度的平均地极坐标，图 1.2.8 为 1995—1998 年的地极移动情况。

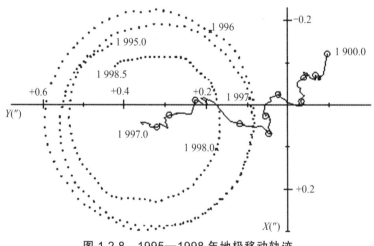

图 1.2.8　1995—1998 年地极移动轨迹

以 CIO 为参照，国际时间局（BIH）等其他国际组织也根据观测数据定义了不同的协议地极，如 BIH84.0 等。

z 轴指向协议地球北极的地球坐标系称为协议地球坐标系。瞬时地球坐标系与协议地球坐标系之间的坐标可通过式（1.2.8）转换：

$$\begin{pmatrix} x \\ y \\ z \end{pmatrix}_{协议} = \begin{pmatrix} 1 & 0 & x_P \\ 0 & 1 & -y_P \\ -x_P & y_P & 1 \end{pmatrix} \begin{pmatrix} x \\ y \\ z \end{pmatrix}_{瞬时} \tag{1.2.8}$$

在 GPS 测量中，为确定地面点的位置，需要将 GPS 卫星在协议天球坐标系中的坐标转换为协议地球坐标系中的坐标，转换步骤为：协议天球坐标系→瞬时平天球坐标系→瞬时天球坐标系→瞬时地球坐标系→协议地球坐标系。其中，除第三步由瞬时天球坐标系转换为瞬时地球坐标系外，其他步骤的转换方法前已述及，此处只介绍第三步的转换。

瞬时天球坐标系与瞬时地球坐标系的坐标原点相同，z 轴指向相同，只是两坐标系的 x 轴在赤道上有一夹角，角值为春分点的格林尼治恒星时。因此只需将瞬时天球坐标系绕 z 轴旋转春分点的格林尼治恒星时时角 $GAST$ 即可。计算公式如下：

$$\begin{pmatrix} x \\ y \\ z \end{pmatrix}_{瞬地} = \begin{pmatrix} \cos(GAST) & \sin(GAST) & 0 \\ -\sin(GAST) & \cos(GAST) & 0 \\ 0 & 0 & 1 \end{pmatrix} \begin{pmatrix} x \\ y \\ z \end{pmatrix}_{瞬天} \tag{1.2.9}$$

四、高程系统

1. 正 高

所谓正高，是指地面点沿铅垂线到大地水准面的距离。如图 1.2.9 所示，B 点的正高为

$$H_{正}^{B} = \sum \Delta H_i$$

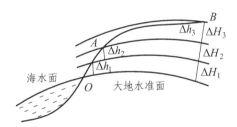

图 1.2.9 正高系统

由于水准面不平行，从 O 点出发，沿 OAB 路线用几何水准测量 B 点高程，显然

$$\sum \Delta h_i \neq \sum \Delta H_i$$

为此，应在水准路线上测量相应的重力加速度 g_i，则 B 点的正高为

$$H_{\text{正}}^{B} = \frac{1}{g_{\text{m}}^{B}} \int_{OAB} g \mathrm{d}h \qquad (1.2.10)$$

式（1.2.10）中的 g 和 $\mathrm{d}h$ 可在水准路线上测得，而 g_{m}^{B} 为 B 点不同深度处的重力加速度平均值，只能由重力场模型确定，在没有精确的重力场模型的情况下，$H_{\text{正}}^{B}$ 无法求得。

2. 正常高

在式（1.2.10）中，用 B 点不同深度处的正常重力加速度 γ_{m}^{B} 代替实测重力加速度 g_{m}^{B}，可得 B 点正常高：

$$H_{\text{常}}^{B} = \frac{1}{\gamma_{\text{m}}^{B}} \int_{OAB} g \mathrm{d}h \qquad (1.2.11)$$

从地面点沿铅垂线向下量取正常高所得曲面称为似大地水准面。我国采用正常高系统，也就是说，我国的高程起算面实际上不是大地水准面而是似大地水准面。似大地水准面在海平面上与大地水准面重合，在我国东部平原地区，两者相差若干厘米，在西部高原地区相差若干米。

3. 大地高

地面点沿椭球法线到椭球面的距离叫该点的大地高，用 H 表示。大地高与正常高有如下关系：

$$\left.\begin{array}{l} H = H_{\text{正}} + N \\ H = H_{\text{常}} + \xi \end{array}\right\} \qquad (1.2.12)$$

式中　N——大地水准面差距；

　　　ξ——高程异常。

五、坐标系统的转换

GPS 采用 WGS-84 坐标系，而在工程测量中所采用的是北京 54 坐标系或西安 80 坐标系或地方坐标系。因此需要将 WGS-84 坐标系转换为工程测量中所采用的坐标系。

1. 同一坐标系下不同坐标形式的转换

同一坐标系下不同坐标形式的转换包括空间直角坐标（X，Y，Z）和大地坐标（B，L，H）的相互转换、高斯平面直角坐标（x，y）和大地坐标（B，L）的相互转换两种类型。

（1）空间直角坐标系和大地坐标系的转换。

在相同的基准下，将空间大地坐标转换为空间直角坐标公式为

$$X = (N + H) \cos B \cos L \qquad (1.2.13)$$

$$Y = (N + H)\cos B \sin L \qquad (1.2.14)$$

$$Z = \left[N(1 - e^2) + H \right] \sin B$$
$$= \left[N \cdot \frac{a^2}{b^2} + H \right] \sin B \qquad (1.2.15)$$

式中　N——卯酉圈的半径，

$$N = \frac{a}{\sqrt{1 - e^2 \sin^2 B}} \qquad (1.2.16)$$

$$e^2 = \frac{a^2 - b^2}{a^2} \qquad (1.2.17)$$

其中　a——地球椭球的长半轴；

b——地球椭球的短半轴。

在相同的基准下，将空间直角坐标转换成为空间大地坐标的公式为

$$L = \arctan\left(\frac{Y}{X}\right) \qquad (1.2.18)$$

$$B = \arctan\left(\frac{Z(N + H)}{\sqrt{(X^2 + Y^2)[N(1 - e^2) + H]}}\right) \qquad (1.2.19)$$

$$H = \frac{Z}{\sin B} - N(1 - e^2) \qquad (1.2.20)$$

在采用上式进行转换时，需要采用迭代的方法，先利用下式求出 B 的初值：

$$E = \arctan\left(\frac{Z}{\sqrt{X^2 + Y^2}}\right) \qquad (1.2.21)$$

然后，利用该初值在求定 H、N 的初值，再利用所求出的 H 和 N 的初值再次求定 B 值。

将空间直角坐标转换成为空间大地坐标也可以采用如下的直接算法：

$$L = \arctan\left(\frac{Y}{X}\right) \qquad (1.2.22)$$

$$B = \arctan\left(\frac{Z + e'^2 b \sin^3 \theta}{\sqrt{X^2 + Y^2} - e^2 a \cos^3 \theta}\right) \qquad (1.2.23)$$

$$H = \frac{\sqrt{X^2 + Y^2}}{\cos B} - N \qquad (1.2.24)$$

其中

$$e'^2 = \frac{a^2 - b^2}{b^2} \qquad (1.2.25)$$

$$\theta = \arctan\left(\frac{Z \cdot a}{\sqrt{X^2 + Y^2} \cdot b}\right) \quad (1.2.26)$$

（2）高斯平面直角坐标和大地坐标的转换。

由经纬度计算高斯平面直角坐标称为高斯正算，公式如下：

$$y = l(B) + \frac{t}{2} N \cos^2 B l^2 + \frac{t}{24} N \cos^4 B (5 - t^2 + 9\eta^2 + 4\eta^4) l^4$$

$$+ \frac{t}{720} N \cos^6 B (61 - 58t^2 + t^4 + 270\eta^2 - 330t^2\eta^2) l^6 \quad (1.2.27)$$

$$+ \frac{t}{40\,320} N \cos^8 B (1385 - 3111t^2 + 543t^4 - t^6) l^8 + \cdots$$

$$x = N \cos B l + \frac{1}{6} N \cos^3 B (1 - t^2 + \eta^2) l^3$$

$$+ \frac{1}{120} N \cos^5 B (5 - 18t^2 + t^4 + 14\eta^2 - 58t^2\eta^2) l^5 \quad (1.2.28)$$

$$+ \frac{1}{5040} N \cos^7 B (61 - 479t^2 + 179t^4 - t^6) l^7 + \cdots$$

式中　$l(B)$——子午线弧长；

$\quad N = \dfrac{a}{\sqrt{1 - e^2 \sin^2 B}}$——卯酉圈半径；

$\quad t$——$t = \tan B$；

$\quad l = L - L_0$——经差；

$\quad L_0$——中央子午线经度。

$\quad l(B)$——从赤道到投影点的椭球面弧长，可用下式计算：

$$l(B) = \alpha \left[B + \beta \sin 2B + \gamma \sin 4B + \delta \sin 6B + \varepsilon \sin 8B + \cdots \right] \quad (1.2.29)$$

其中：

$$\alpha = \frac{a+b}{2}\left(1 + \frac{1}{4}n^2 + \frac{1}{64}n^4 + \cdots\right)$$

$$\beta = -\frac{3}{2}n + \frac{9}{16}n^3 - \frac{3}{32}n^5 + \cdots$$

$$\gamma = \frac{15}{16}n^2 - \frac{15}{32}n^4 + \cdots \quad (1.2.30)$$

$$\delta = -\frac{35}{48}n^3 + \frac{105}{256}n^5 - \cdots$$

$$\varepsilon = \frac{315}{512}n^4 + \cdots$$

和

$$n = \frac{a-b}{a+b} \tag{1.2.31}$$

由高斯平面直角坐标计算经纬度称为高斯反算，公式如下：

$$\begin{aligned} B = B_f &+ \frac{t_f}{2N_f^2}(-1-\eta_f^2)x^2 \\ &+ \frac{t_f}{24N_f^4}(5+3t_f^2+6\eta_f^2-6t_f^2\eta_f^2-3\eta_f^4-9t_f^2\eta_f^4)x^4 \\ &+ \frac{t_f}{720N_f^8}(-61-90t_f^2-45t_f^4-107\eta_f^2+162t_f^2\eta_f^2+45t_f^4\eta_f^2)x^6 \\ &+ \frac{t_f}{40320N_f^8}(1385+3633t_f^2+4095t_f^4+1575t_f^6)x^8+\cdots \end{aligned} \tag{1.2.32}$$

$$\begin{aligned} L = L_0 &+ \frac{1}{N_f\cos B_f}x + \frac{1}{6N_f^3\cos B_f}(-1-2t_f^2-\eta_f^2)x^3 \\ &+ \frac{1}{120N_f^5\cos B_f}(5+28t_f^2+24t_f^4+6\eta_f^2+8t_f^2\eta_f^2)x^5 \\ &+ \frac{1}{5040N_f^7\cos B_f}(-61-662t_f^2-1320t_f^4-720t_f^6)x^7+\cdots \end{aligned} \tag{1.2.33}$$

其中，下标为 f 的项需要基于底点纬度 B_f 来计算。关于底点纬度的计算，可以采用下面的级数展开式计算：

$$B_f = \bar{y} + \bar{\beta}\sin 2\bar{y} + \bar{\gamma}\sin 4\bar{y} + \bar{\delta}\sin 6\bar{y} + \bar{\varepsilon}\sin 8\bar{y} + \ldots \tag{1.2.34}$$

其中：

$$\begin{aligned} \bar{\alpha} &= \frac{a+b}{2}\left(1+\frac{1}{4}n^2+\frac{1}{64}n^4+\cdots\right) \\ \bar{\beta} &= \frac{3}{2}n - \frac{27}{32}n^3 + \frac{269}{512}n^5 + \cdots \\ \bar{\gamma} &= \frac{21}{16}n^2 - \frac{55}{32}n^4 + \cdots \\ \bar{\delta} &= \frac{151}{96}n^3 - \frac{417}{128}n^5 + \cdots \\ \bar{\varepsilon} &= \frac{1097}{512}n^4 + \cdots \end{aligned} \tag{1.2.35}$$

且

$$\bar{y} = \frac{y}{\alpha} \tag{1.2.36}$$

2. 不同坐标系的转换

由于 GPS 采用 WGS-84 坐标系，而我国各地常用的坐标系是 1954 年北京坐标系、1980 年国家大地坐标系和地方坐标系，因此，无论测区范围多小，测量精度等级如何低，都会涉及不同坐标系统之间的转换问题。

（1）空间直角坐标系的转换。

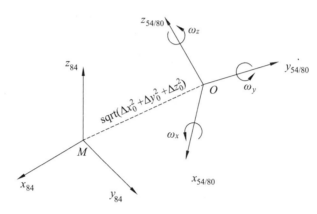

图 1.2.10　空间直角坐标系的转换

如图 1.2.10 所示，WGS-84 坐标系的坐标原点为地球质量中心，而北京 54 坐标系和西安 80 坐标系的坐标原点是参考椭球中心。所以在两个坐标系之间进行转换时，应进行坐标系的平移，平移量可分解为 Δx_0、Δy_0 和 Δz_0。又因为 WGS-84 坐标系的三个坐标轴方向也与北京 54 坐标系或西安 80 坐标系的坐标轴方向不同，所以还需将北京 54 坐标系或西安 80 坐标系分别绕 x 轴、y 轴和 z 轴旋转 ω_x、ω_y、ω_z。此外，两坐标系的尺度也不相同，还需进行尺度转换。两坐标系间转换的公式如下：

$$\begin{pmatrix} x \\ y \\ z \end{pmatrix}_{84} = \begin{pmatrix} \Delta x_0 \\ \Delta y_0 \\ \Delta z_0 \end{pmatrix} + (1+m) \begin{pmatrix} 1 & \omega_z & -\omega_y \\ -\omega_z & 1 & \omega_x \\ \omega_y & -\omega_x & 1 \end{pmatrix} \begin{pmatrix} x \\ y \\ z \end{pmatrix}_{54/80} \qquad （1.2.37）$$

式中，m 为尺度比因子。

要在两个空间直角坐标系之间转换，需要知道三个平移参数（Δx_0，Δy_0，Δz_0），三个旋转参数（ω_x，ω_y，ω_z）以及尺度比因子 m。为求得七个转换参数，在两个坐标系中至少应有三个公共点，即已知三个点在 WGS—84 中的坐标和在北京 54 坐标系或西安 80 坐标系中的坐标。在求解转换参数时，公共点坐标的误差对所求参数影响很大，因此所选公共点应满足下列条件：

① 点的数目要足够多，以便检核；

② 坐标精度要足够高；

③ 分布要均匀；

④ 覆盖面要大，以免因公共点坐标误差引起较大的尺度比因子误差和旋转角度误差。

在 WGS-84 坐标系与北京 54 坐标系或西安 80 坐标系的大地坐标系之间进行转换，除上述七参数外，还应给出两坐标系的两个椭球参数，一个是长半径，另一个是扁率。

以上转换步骤中，计算人员只需输入七个转换参数或公共点坐标、椭球参数、中央子午线经度和 x、y 加常数即可，其他计算工作由软件自动完成。

（2）平面直角坐标系的转换。

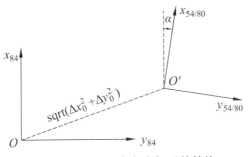

图 1.2.11　平面直角坐标系的转换

如图 1.2.11 所示，在两平面直角坐标系之间进行转换，需要有四个转换参数，其中两个平移参数（Δx_0，Δy_0），一个旋转参数 α 和一个尺度比因子 m。转换公式为

$$\begin{pmatrix} x \\ y \end{pmatrix}_{84} = (1+m)\left[\begin{pmatrix} \Delta x_0 \\ \Delta y_0 \end{pmatrix} + \begin{pmatrix} \cos\alpha & \sin\alpha \\ -\sin\alpha & \cos\alpha \end{pmatrix}\begin{pmatrix} x \\ y \end{pmatrix}_{54/80}\right] \tag{1.2.38}$$

为求得四个转换参数，应至少有两个公共点。

对于不同坐标系之间的坐标转换，平面四参数转换模型原理简单，数值稳定可靠；对较小区域，它转换的精度较高，但当范围较大时，由于受投影变形误差的影响，其转换精度就较差，因而它只适合于较小区域的坐标转换。七参数转换模型为三维模型，在空间直角坐标系中，两坐标系之间存在严密的转换模型；由于理论比较严密，不存在模型误差和投影变形误差，因而它适合于任何区域的坐标转换。

3. 高程系统的转换

GPS 所测得的地面高程是以 WGS-84 椭球面为高程起算面的，而我国的 1956 年黄海高程系和 1985 年国家高程基准是以似大地水准面作为高程起算面的，所以必须进行高程系统的转换。使用较多的高程系统转换方法是高程拟合法、区域似大地水准面精化法和地球模型法。因目前还没有适合于全球的大地水准面模型，所以此处只介绍前两种方法。

（1）高程拟合法。

虽然似大地水准面与椭球面之间的距离变化极不规则，但在小区域内，用斜面或二次曲面来确定似大地水准面与椭球面之间的距离还是可行的。

① 斜面拟合法。

由式（1.2.12）知，大地高与正常高之差就是高程异常ξ，在小区域内可将ξ看成平面位置 x、y 的一函数，即

$$\xi = ax + by + c \tag{1.2.39}$$

或

$$H - H_{常} = ax + by + c \tag{1.2.40}$$

如果已知至少三个点的正常高 $H_{常}$ 并测出其大地高 H，则可解出式（1.2.38）中的系数 a、b、c，然后便可根据任一点的大地高按式（1.2.40）求得相应的正常高。

$$H_{常} = H - ax - by - c \tag{1.2.41}$$

② 二次曲面拟合法。

二次曲面拟合法的方程式为

$$H - H_{常} = ax^2 + by^2 + cxy + dx + ey + f \tag{1.2.42}$$

如已知至少六个点的正常高并测得大地高，便可解出 a、b、…、f 等六个参数，然后根据任一点的大地高便可求得相应的正常高。

（2）区域似大地水准面精化法。

区域似大地水准面精化法就是在一定区域内采用精密水准测量、重力测量及 GPS 测量，先建立区域内精确的似大地水准面模型，然后便可根据此模型快速准确地进行高程系统的转换。精确求定区域似大地水准面是大地测量学的一项重要科学目标，也是一项极具实用价值的工程任务。我国高精度省级似大地水准面精化工作正在部分省、市展开，如江苏、青岛、深圳等省市已建成 cm 级的区域似大地水准面模型。在具有如此高精度的似大地水准面模型的地方，用 GPS 测高程可代替三等水准。

任务二 GPS 测量的时间系统

在现代大地测量中，为了研究诸如地壳升降和地球板块运动等地球动力学现象，时间也和描述观测点的空间坐标一样，成为研究点位运动过程和规律的一个重要分量，从而使大地网点成为空间与时间参考系中的四维大地网点。

在 GPS 测量中，时间对点位的精度具有决定性的作用。首先，作为动态已知点的 GPS 卫星的位置是不断变化的，在星历中，除了要给出卫星的空间位置参数以外，还要给出相应的时间参数。其次，GPS 测量是通过接收和处理 GPS 卫星发射的电磁波信号来确定星站距离进而求得测站坐标的。要精确测定星站距离，就必须精确测定信号传播时间。再者，由于地球自转的缘故，地面点在天球坐标系中的位置是不断变化的，为了根据 GPS 卫星位置确定地

面点位置，就必须进行天球坐标系与地球坐标系的转换。为此也必须精确测定时间。所以，在建立 GPS 定位系统的同时，就必须建立相应的时间系统。

二、世界时系统

世界时系统是以地球自转为基准的一种时间系统。然而，由于观察地球自转运动所选的空间参考点不同，世界时系统又包括恒星时、平太阳时和世界时。

1. 恒星时（Sidereal Time，ST）

由春分点的周日视运动确定的时间称为恒星时。春分点连续两次经过本地子午线的时间间隔为一恒星日，含 24 个恒星小时。恒星时在数值上等于春分点相对于本地子午圈的时角。在岁差和章动的影响下，春分点分为真春分点和平春分点，相应的恒星时也分为真恒星时和平恒星时。此外，为了确定世界统一时间，也用到格林尼治恒星时。所以，恒星时分为以下四种：

（1）LAST——真春分点的地方时角；

（2）GAST——真春分点的格林尼治时角；

（3）LMST——平春分点的地方时角；

（4）GMST——平春分点的格林尼治时角。

2. 平太阳时（Mean Solar Time，MT）

因地球绕太阳公转的轨道为一椭圆，所以太阳视运动的速度是不均匀的。以真太阳周年视运动的平均速度确定一个假想的太阳，且其在天球赤道上做周年视运动，称为平太阳。以平太阳连续两次经过本地子午圈的时间间隔为一个平太阳日，含 24 个平太阳小时。与恒星时一样，平太阳时也具有地方性，故常称为地方平太阳时或地方平时。

3. 世界时（Universal Time，UT）

以子夜零时起算的格林尼治平太阳时称为世界时，如以 GAMT 表示平太阳相对于格林尼治子午圈的时角，则世界时 UT 与平太阳时之间的关系为

$$UT = GAMT + 12 \, h \tag{1.2.43}$$

在地极移动的影响下，平太阳连续两次经过格林尼治子午圈的时间间隔并不均等。此外，地球自转速度也不均匀，它不仅包含有长期的减缓趋势，而且还含有一些短周期的变化和季节性变化。因此，世界时也不均匀。从 1956 年开始，在世界时中加入了极移改正和地球自转速度的季节性改正，改正后的世界时分别用 UT_1 和 UT_2 表示，未经改正的世界时用 UT_0 表示，其关系为

$$\left. \begin{array}{l} UT_1 = UT_0 + \Delta\lambda \\ UT_2 = UT_1 + \Delta TS \end{array} \right\} \tag{1.2.44}$$

式中，$\Delta\lambda$ 为极移改正；ΔTS 为地球自转速度的季节性变化改正。

世界时 UT_2 虽经过以上两项改正,但仍含有地球自转速度逐年减缓和不规则变化的影响,所以世界时 UT_2 仍是一个不均匀的时间系统。

二、原子时（Atomic Time，AT）

随着科技的发展,人们对时间稳定度的要求不断提高。以地球自转为基础的世界时系统已不能满足要求。为此,从 20 世纪 50 年代起,便建立了以原子能级间的跃迁特征为基础的原子时系统。

原子时秒长定义为:位于海平面上的铯 Cs^{133} 原子基态两个超精细能级间,在零磁场中跃迁辐射振荡 9 192 631 770 周所持续的时间,为一原子秒。原子时的起点定义为 1958 年 1 月 1 日零时的 UT_2（事后发现 AT 比 UT_2 慢 0.003 9 s）国际上用约 100 台原子钟推算统一的原子时系统,称为国际原子时系统（IAT）。

三、协调世界时（Coordinate Universal Time，UTC）

原子时的优点是稳定度极高,缺点是与昼夜交替不一致。为了保持原子时的优点而避免其缺点,从 1972 年起,采用了以原子时秒长为尺度,时刻上接近于世界时的一种折中时间系统,称为协调世界时。

协调世界时秒长等于原子时秒长,采用闰秒的办法使协调世界时的时刻与世界时接近。两者之差应不超过 0.9 s,否则在协调世界时的时刻上减去 1 s,称为闰秒。闰秒的时间定在 6 月 30 日末或 12 月 31 日末,由国际地球自转服务组织（IERS）确定并事先公布。目前几乎所有国家发播的时号,都以 UTC 为基准。

协调时与国际原子时之间的关系可由下式定义:

$$IAT = UTC + 1' \times n \tag{1.2.45}$$

式中, n 为调整参数,其值由 IERS 发布。

为使用世界时的用户得到精度较高的 UT_1 时刻,时间服务部门在播发协调时（UTC）时号的同时,给出 UT_1 与 UTC 的差值。这样用户便可容易地由 UTC 得到相应的 UT_1。

目前,几乎所有国家时号的播发,均以 UTC 为基准。时号播发的同步精度约为 ± 0.2 ms。考虑到电离层折射的影响,在一个台站上接收世界各国的时号,其误差将不会超过 ± 1 ms。

四、GPS 时间系统（GPST）

为了精确导航和测量的需要,GPS 建立了专用的时间系统。由 GPS 主控站的原子钟控制。

GPS 时属原子时系统,其秒长与原子时相同。原点定义为 1980 年 1 月 6 日零时与协调世界时的时刻一致。GPS 时与国际原子时的关系为

$$IAT - GPST = 19（s） \tag{1.2.46}$$

GPS 时与协调世界时的关系为

$$GPST = UTC + 1' \times n - 19 s \tag{1.2.47}$$

式中，n 值由国际地球自转服务组织公布。1987 年 $n = 23$，GPS 时比协调世界时快 4 s，即 GPST = UTC + 4 s；2005 年 12 月，$n = 32$；2006 年 1 月，$n = 33$。所以，2006 年 1 月 GPS 时与协调世界时的关系是：GPST = UTC + 14 s。

本项目小结

坐标系统和时间系统是描述卫星运动、处理观测数据和表达观测站位置的数学和物理基础。本章主要介绍了坐标系统的分类、天球坐标系、地球坐标系、高程系统、坐标系统转换以及时间系统。尤其对于大地测量基准，包括 WGS-84 坐标系、1954 年北京坐标系、1980 年国家大地坐标系、地方坐标系以及高程基准及其转换，由于与相对定位的设计和数据处理以及差分定位的外业操作密切相关，故不仅要求牢固掌握基本概念，还应能够熟练地进行基准转换。

习 题

1. 熟悉 WGS-84、北京 54、西安 80 等坐标系的椭球参数和定位定向方法。
2. 在北京 54 坐标系或西安 80 坐标系的基础上建立地方坐标系的步骤是什么？
3. 简述空间直角坐标系与大地坐标系的区别。
4. 简述地心坐标系和参心坐标系的区别。
5. 简述天球坐标系和地球坐标系的区别。
6. 熟悉下列概念：七参数法、四参数法、转换参数、高程拟合法、区域似大地水准面精化法。
7. 熟悉下列概念：恒星时、世界时、原子时、协调世界时、GPS 时。

子项目三 GPS 卫星信号及卫星运动

利用 GPS 卫星进行测量，是当今测量技术发展的重要方向。GPS 定位系统主要由空间部分、地面控制部分、用户设备部分三部分组成，GPS 卫星发射的信号由载波、测距码和导航电文三部分组成。卫星在运动中，按照其所受的力对其轨道的影响，我们将其分为卫星的无摄运动和受摄运动。GPS 星历按照获取时间和精度要求可分为预报星历和后处理星历。

任务一 GPS 定位系统

GPS 全球定位系统由三个独立的部分组成：空间部分、地面控制部分、用户设备部分。

一、空间部分——GPS 星座

GPS 的空间部分是由 24 颗卫星组成的星座，其中 21 颗是工作卫星、3 颗是备份卫星，如图 1.3.1 所示。工作的这 24 颗工作卫星位于距地表 20 200 km 的上空，它们均匀地分布在轨道倾角为 55°的 6 个轨道面上即每个轨道面 4 颗工作卫星，各个轨道平面之间相距 60°，即轨道的升交点赤经各相差 60°。每个轨道平面内各颗卫星之间的升交角距相差 90°，一轨道平面上的卫星比西边相邻轨道平面上的相应卫星超前 30°，以保证全球均匀覆盖的要求。卫星的这种分布特点使得在全球任何地方、任何时间都可观测到 4 颗以上的卫星，并能保持良好定位解算精度的几何图像。这就提供了在时间上连续的全球定位能力。

在两万千米高空的 GPS 卫星，当地球相对于恒星来说自转一周时，它们绕地球运行 2 周，即绕地球运行一周的时间为 12 恒星时。这样对于地面观测者来说，每天将提前 4 分钟看到同一颗 GPS 卫星。位于地平线以上的卫星颗数随着时间和地点的不同而不同，最少可见 4 颗，最多可见 11 颗。再用 GPS 卫星信号定位导航时，为了解算测站的三维坐标，必须观测 4 颗 GPS 卫星，称为定位星座。这 4 颗卫星在定位过程中的几何位置分布对定位精度有一定影响。

3 颗在轨的备用工作卫星相间布置在 3 个轨道平面中，随时可以根据指令代替发生故障的其他卫星，以保证整个 GPS 空间星座正常而高效地工作。

GPS 卫星的编号是：按发射先后次序编号（01～24）；按 PRN（卫星信号所采用的伪随机噪声码）的不同编号；国际编号（第一部分为该星发射年代，第二部分表示该年中发射卫星的序号，字母 A 表示发射的有效负荷）；按轨道位置顺序编号等。在导航定位测量中，一般采用 PRN 编号。

在 GPS 系统中，GPS 卫星星座的功能如下：

（1）用 L 波段的两个无线载波（19 cm 和 24 cm 波）向广大用户连续不断地发送导航定位信号。包括提供精密时间标准、粗略导航定位伪距 C/A 码、精密测距 P 码和反映卫星当前空间位置和卫星工作状态的导航电文。

（2）在卫星飞越注入站上空时，接收由地面注入站用 S 波段（10 cm 波段）发送到卫星的导航电文和其他有关信息，并适时发送给广大用户。

（3）接收地面主控站通过注入站发送到卫星的调度命令，适时地调整卫星的姿态，改正卫星运行轨道偏差，启用备用卫星。GPS 卫星的主体呈圆柱形，直径约为 1.5 m，质量约 774 kg，两侧设有两块双叶太阳能板，能自动对日定向，以保证卫星正常供电。

每颗卫星配置有 4 台高精度原子钟（2 台铷钟和 2 台铯钟），这是卫星的核心设备。它将发射标准频率信号，为 GPS 定位提供高精度的时间标准。

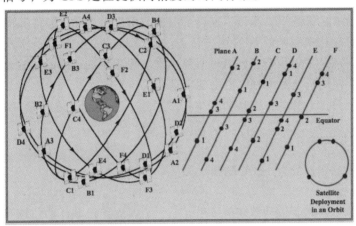

图 1.3.1　GPS 卫星星座

二、地面控制部分——地面监控系统

GPS 的控制部分由分布在全球的若干个跟踪站所组成的地面监控系统所构成，根据其作用的不同，这些跟踪站被分为 1 个主控站、5 个全球监测站和 3 个地面控制站。

主控站位于美国科罗拉多的法尔孔空军基地，它的作用是根据从各监控站对 GPS 卫星的观测数据，包括电离层和气象数据，计算出卫星的轨道和时钟参数，然后将结果送到 3 个地面控制站。地面控制站在每颗卫星运行至上空时，把这些定位数据及主控站指令注入卫星。同时主控站还对卫星进行控制，向卫星发布指令，当工作卫星出现故障时，调度备用卫星，替代失效的工作卫星故障。另外，主控站也具有监测站的功能。

监控站有 5 个，除了主控站外，其他 4 个分布位于夏威夷、阿松森群岛、迭哥伽西亚、卡瓦加兰。监测站均配装有精密的铯钟和能够连续测量到所有可见卫星的接收机。其作用是接收卫星信号，监测卫星的工作状态。注入站有 3 个，分别是阿松森群岛、迭哥伽西亚、卡瓦加兰，其作用是将导航定位数据及主控站指令注入卫星。这种注入对每颗 GPS 卫星每天一次，并在卫星离开注入站作用范围之前进行最后的注入。如果某地面站发生故障，那么在卫星中预存的导航信息还可用一段时间，但导航精度会逐渐降低。

对于导航定位来说，GPS 卫星是一动态已知点。其位置是依据卫星发射的星历——描述卫星运动及其轨道的参数计算得到的。每颗 GPS 卫星所播发的星历，是由地面监控系统提供的。卫星上的各种设备是否正常工作以及卫星是否一直沿着预定轨道运行，都要由地面设备进行监测和控制。地面监控系统另一重要作用是保持各颗卫星处于同一时间标准——GPS 时间系统。这就需要地面站监测各颗卫星的时间，求出钟差。然后由地面注入站发给卫星，卫星再由导航电文发给用户设备。

三、用户设备部分——GPS 信号接收机

用户设备部分即 GPS 信号接收机，是实现 GPS 卫星导航定位的终端仪器。其主要功能是能够捕获到按一定卫星截止角所选择的待测卫星，并跟踪这些卫星的运行。当接收机捕获到跟踪的卫星信号后，即可测量出接收天线至卫星的伪距离和距离的变化率，解调出卫星轨道参数等数据。根据这些数据，接收机中的微处理计算机就可按定位解算方法进行定位计算，计算出用户所在地理位置的经纬度、高度、速度、时间等信息。接收机硬件和机内软件以及 GPS 数据的后处理软件包构成完整的 GPS 用户设备。GPS 接收机的结构分为天线单元和接收单元两部分。接收机一般采用机内和机外两种直流电源。设置机内电源的目的在于更换外电源时不中断连续观测。在用机外电源时机内电池自动充电。关机后，机内电池为 RAM 存储器供电，以防止数据丢失。目前各种类型的接收机体积越来越小，重量越来越轻，便于野外观测使用。

1. GPS 卫星信号接收机的分类

（1）按接收机的用途分类——导航型、测量型、授时型。

① 导航型接收机。

此类型接收机主要用于运动载体的导航，它可以实时给出载体的位置和速度。这类接收机一般采用 C/A 码伪距测量，单点实时定位精度较低，一般为 ±25 m，有 SA 影响时为 ±100 m。这类接收机价格便宜，应用广泛。根据应用领域的不同，此类接收机还可以进一步分为：

车载型——用于车辆导航定位。

航海型——用于船舶导航定位。

航空型——用于飞机导航定位。由于飞机运行速度快，因此，在航空上用的接收机要求能适应高速运动。

星载型——用于卫星的导航定位。由于卫星的速度高达 7 km/s 及以上，因此对接收机的要求更高。

② 测量型接收机。

早期主要用于大地测量和工程测量，采用载波相位的相对定位。近年来，实时差分动态定位（PTD GPS）技术，采用伪距测量，米级精度，用于精密导航和海上定位。实时相位差分动态定位（RTK GPS）技术，采用载波相位测量，厘米级精度，用于精密导航、工程测量、三维动态放样等。其仪器结构复杂，价格较高。

③ 授时型接收机。

这类接收机主要利用 GPS 卫星提供的高精度时间标准进行授时，常用于天文台及无线电通讯中时间同步。

（2）按接收机的载波频率分类——单频、双频。

① 单频接收机。

只能接收 L_1 载波信号，测定载波相位观测值进行定位。由于不能有效消除电离层延迟影响，单频接收机只适用于短基线（<15 km）的精密定位。

② 双频接收机。

可以同时接收 L_1、L_2 载波信号。利用双频对电离层延迟的不一样，可以消除电离层对电磁波信号的延迟的影响，因此双频接收机可用于长达几千千米的精密定位。

（3）按接收机的工作原理分类——码相关、平方型、混合型、干涉型。

① 码相关型接收机。

利用码相关技术得到伪距观测值，如 P 码、C/A 码。

② 平方型接收机。

利用载波信号的平方技术去掉调制信号，来恢复完整的载波信号通过相位计测定接收机内产生的载波信号与接收到的载波信号之间的相位差，测定伪距观测值。这类接收机无需知道测距码的结构，所以又称为无码接收机。

③ 混合型接收机。

这种仪器是综合上述两种接收机的优点，既可以得到码相位伪距，也可以得到载波相位观测值。目前常用的接收机均属于此类。

④ 干涉型接收机：这种接收机是将 GPS 卫星作为射电源，采用干涉测量方法，测定两个测站间距离。

（4）按接收机的通道数分类——多通道、序贯通道、多路复用通道。

当 GPS 接收机的全向天线接收到所有来自天线水平面以上的卫星信号之后，必须首先把这些信号隔离开来，以便进行处理和量测。这种对不同卫星信号的隔离，就是通过接收机内若干分离信号的通道来实现的。

通道是由硬件和相应的控制软件组成的。每个通道，在某一时刻只能跟踪一颗卫星的一种频率信号。当接收机需同步跟踪多个卫星信号时，原则上可能采用两种跟踪方式：一是接收机具有多个分离的硬件通道，每个通道都可连续地跟踪一个卫星信号；二是一个信号通道，在相应软件的控制下跟踪多个卫星信号。

① 多通道接收机。

具有四个及四个以上信号通道数量，能够不间断地跟踪每个卫星信号，从而可连续地对卫星信号的测距码和载波进行量测，且具有较好的信噪比。其缺点在于各通道间存在信号延迟的偏差，必须进行比对和改正；另外，由于通道数较多，结构较为复杂，不利于减小接收机的重量和体积。

② 序贯通道接收机。

只有一个通道，结构简单、体积小、重量轻，早期的导航型接收机中常采用。在软件支持下，按时序顺次对各颗卫星的信号进行跟踪和测量，对所测卫星信号量测一个循环，所需时间大于 20 ms。由于序贯通道在对多个卫星信号依次进行量测时，其在不同信号之间的转换率，与导航电文的比特率(50 bt/s)是不同步的，所以序贯通道在对一个卫星信号测量时，将要丢失其他一些卫星信号的信息，无法获得卫星的完整导航电文。因此，一个序贯通道接收机，一般都需要一个额外的通道来获取电文。

③ 多路复用通道接收机。

与贯序通道相类似，多路复用通道同样对进入该通道的所有卫星信号，在相应软件的控制下，按时序依次进行量测，但其量测一遍的总时间小于或等于 20 ms。由于多路复用通道对卫星信号一次量测的时间很短,能在不同的卫星信号之间,以及两个频率 L_1、L_2 信号之间,进行高速地转换,转换的速率同导航电文的比特率(50 bt/s)同步,只有 1~2 个通道,需要软件支持,测量一个循环时间短,可保持 GPS 信号的连续跟踪,并可获得完整的导航电文。其信噪比低于多通道接收机。

2. GPS 接收机的组成及工作原理

GPS 接收机主要是由 GPS 接收机天线单元,GPS 接收机主机单元和电源单元三部分组成。GPS 接收机作为用户测量系统,那么按其构成部分的性质和功能,可分为硬件部分和软件部分。

(1)硬件部分。

接收机主机由变频器、信号通道、微处理器、存储器及显示器组成,基本结构如图 1.3.2 所示。

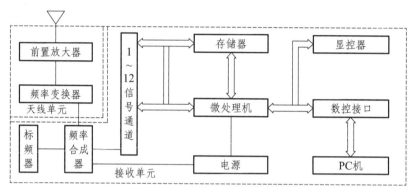

图 1.3.2　GPS 信号机的构成

GPS 接收机天线如图 1.3.3 所示,其作用是将极微弱的 GPS 卫星信号电磁波能转化为相应的电流,变频器中的前置放大器则是将 GPS 信号电流予以放大。微波传输带状天线(微带天线)因其体积小、重量轻,性能优良而成为 GPS 信号接收机天线的主要类型。

图 1.3.3　GPS 天线

信号通道是接收单元的核心部分,由硬件和软件组合而成。每一个通道在某时刻只能跟踪一颗卫星。其信号通道作用不仅是搜索和跟踪卫星,还可以由导航电文数据信号解调出导航电文内容,进行伪距测量和载波相位测量。

接收机内设有存储器,以存储一小时一次的卫星星历、卫星历书、接收机采集到的码相位伪距观察值、载波相位观察值及多普勒频移。接收机内存储的数据可以通过数据接口传到微机上,以便进行数据处理和数据保存。在存储器内还装有多种工作软件,如自测试软件、天空卫星预报软件、导航电文解码软件、GPS 单点定位软件等。微处理器是 GPS 信号接收机的控制系统，GPS 接收机的一切工作都在微处理器的指令控制下自动完成。

GPS 接收机都有液晶显示屏以提供 GPS 接收机工作信息，并配有一个控制键盘。用户可通过键盘控制接收机工作。对于导航接收机，有的还配有大显示屏，在屏幕上直接显示导航的信息甚至数字地图。

电源一般采用蓄电池、机内一般配备锂电池，为 RAM 存储器供电。

（2）软件部分。

软件部分是构成现代 GPS 测量系统的重要组成部分之一。一个功能齐全、品质良好的软件，不仅能方便用户使用，满足用户的各方面要求，而且对于改善定位精度，提高作业效率和开拓新的应用领域都具有重要意义。所以，软件的质量与功能已成为反映现代 GPS 测量系统先进水平的一个重要标志。一般来说，软件包括内软件和外软件。内软件是指装在存储器内的自测试软件、卫星预报软件、导航电文解码软件、GPS 单点定位软件或固化在中央处理器中的自动操作程序等。这类软件已和接收机融为一体。而外软件主要是指 GPS 观测数据后处理软件包。

3. 几种常见 GPS 卫星信号接收机厂家

目前主要的 GPS 接收机厂商有：美国 Magellan 公司（麦哲伦公司）、Trimble 公司等。

美国的 Magellan 公司是全区第一个手持 GPS 商标，1989 年便推出了消费类的手持 GPS，至今保持者在消费类 GPS 领先地位。

Trimble 公司成立于 1978 年，30 多年来一直在 GPS 技术开发和实际应用中处于行业领先地位。拥有超过 512 项的已注册 GPS 专利是 Trimble 公司引以为傲的技术基石，并以先进、耐用的特点确立了牢固的市场地位。今天的 Trimble 技术在导航、精确授时、无线网同步、高精度大型工程综合解决方案、精准农业等方面发挥着不可替代的作用。

根据 GPS 用户的不同要求，所需的接收设备也有差异。随着 GPS 定位技术的迅速发展和应用领域的日益扩大，许多国家都在积极研制、开发适用于不同要求的 GPS 接收机及相应的数据处理软件。

近几年，国内引进了许多种类型的 GPS 测地型接收机。各种类型的 GPS 测地型接收机用于精密相对定位时，其双频接收机精度可达 $5\ mm + 1\ ppm \cdot D$，接收机在一定距离内精度可达 $10\ mm + 2\ ppm \cdot D$。用于差分定位其精度可达亚米级至厘米级。

目前，各种类型的 GPS 接收机体积越来越小，重量越来越轻，便于野外观测。GPS 和 GLONASS 兼容的全球导航定位系统接收机已经问世。

任务二 GPS 卫星信号

关于信号的频段有过很多讨论，但没有一个频段能够实现对所设计准则的优化，最后 GPS

选择的 L 波段是综合考虑波段的可用性、传播影响和系统设计的最佳折中方法。GPS 卫星信号包括载波信号和测距信号。

一、GPS 卫星的载波信号

1. 载波信号

GPS 卫星的导航电文信号是低频信号，其中 C/A、P 码的数码率分别是 1.023Mbit/s，10.23 Mbit/s，而 D 码的数码率仅为 50 bit/s。同时又由于 GPS 卫星离地面有 20 000 km，很难将数码率低的信号传输到地面。因此在无线电通信技术中，为了有效地传播高质量信息，都是将频率较低的信号加载在频率较高的信号上。我们把这种可运载调制信号的高频振荡波称为载波。

GPS 卫星发射两个载波信号 GPS 卫星的载波信号包括 L_1 和 L_2 两种载波，其频率和波长分别为：

L_1 载波：$f_1 = 1\ 575.42\ MHz$，波长为 $\lambda_1 = 19.03\ cm$

L_2 载波：$f_2 = 1\ 227.60\ MHz$，波长为 $\lambda_2 = 24.42\ cm$

载波是一种电磁波，由 GPS 卫星上原子钟的振荡器产生，其数学表达式为一正弦波，如图 1.3.4 所示。

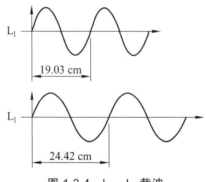

图 1.3.4　L_1、L_2 载波

GPS 卫星所选择的载波频率有利于减弱信号所受的电离层折射影响，有利于测定多普勒频移。采用两个不同频率载波的主要目的，在于测量或消除由于电离层效应而引起的信号延迟误差，进而消除或削弱电离层效应对导航和测量定位的影响。

GPS 卫星发射的两种载波信号，即载波 L_1 和 L_2，其分别调制着测距码（C/A 码和 P 码）和导航电文。同时 GPS 卫星发射信号的频率都要受卫星上原子钟的基准频率的控制，均是其基准频率的倍频或者分频。GPS 卫星原子钟的基本频率是 $f_0 = 10.23\ MHz$，P 码采用基准频率，C/A 码仅取基准频率的 1/10，L_1 载波的频率为基准频率倍频 154 倍后获得，L_2 载波的频率为基准的 120 倍。GPS 卫星信号构成如图 1.3.5 所示。

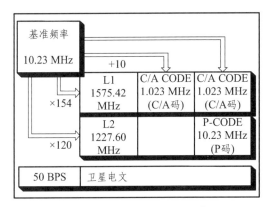

图 1.3.5 GPS 卫星信号示意图

2. GPS 卫星信号的调制

在无线电通信技术中，为了有效地传播高质量信息，都是将频率较低的信号加载在频率较高的载波上，此过程称为调制。此时，原低频信号称为调制信号，而加载信号后的载波称为已调波。

GPS 卫星信号包含三种信息：载波、测距码和数据码。在 L_1 载波上，调制有 C/A 码、P 码和数据码；L_2 载波上，只调制有 P 码和数据码。GPS 卫星信号，是将导航电文经两级调制得到。

（1）第一级调制。

通过模二和加法器，将低频数据码分别调制到高频 C/A 码和 P 码，实现对数据码的伪随机码。调制图如图 1.3.6 所示。

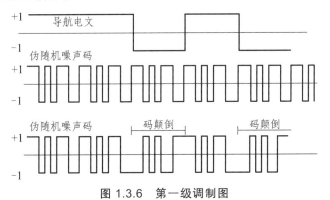

图 1.3.6　第一级调制图

其中，模二和运算规则：

$1 \oplus 1 = 0$；$1 \oplus 0 = 1$；$0 \oplus 1 = 1$；$0 \oplus 0 = 0$

在码的状态上，"1"表示二进制的 0，"-1"表示二进制 1，其运算规则：

$-1 \times -1 = 1$；$-1 \times 1 = -1$；$1 \times -1 = -1$；$1 \times 1 = 1$

（2）第二级调制。

GPS 卫星的测距码和数据码是采用调相技术调制到载波上。载波是由 GPS 卫星上原子钟的振荡器产生，其数学表达式为一正弦波。当码状态 +1 与载波相乘时，显然不会改变载波的相位；而当码状态取 – 1 与载波相乘时，载波相位改变 180°。这样，当码值由 0 变为 1 或者 1 变为 0 的时候，都会使调制后的载波相位改变 180°，这个称为相位跃迁，如图 1.3.7 所示。

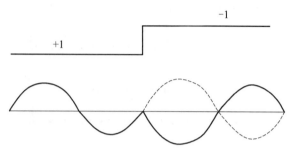

图 1.3.7　加载信号后产生的相位跃迁

GPS 卫星信号的调制原理如图 1.3.8 所示。

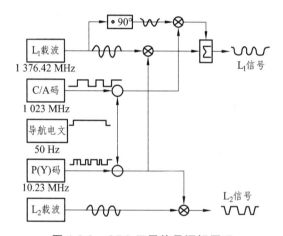

图 1.3.8　GPS 卫星信号调解原理

$$S_{L_1}(t) = A_P P_i(t) D_i(t) \cos(\omega_1 t + \varphi_1) + A_C C_i(t) D_i(t) \sin(\omega_1 t + \varphi_1) \qquad (1.3.1)$$

$$S_{L_2}(t) = B_P P_i(t) D_i(t) \cos(\omega_2 t + \varphi_2) \qquad (1.3.2)$$

式中，A_P，B_P 分别为调制于 L₁、L₂ 上的 P 码振幅；$P_i(t)$ 为 ± 1 状态的 P 码；$D_i(t)$ 为 ± 1 状态的数据码；A_C 是调制于 L₁ 上的 C/A 码振幅；$C_i(t)$ 为 ± 1 状态的 C/A 码；i 为卫星的编号；ω_i 为载波 L$_i$（$i = 1$，2）的角频率；φ_i 为载波 L$_i$（$i = 1$，2）的初相。

3. GPS 卫星信号的调解

在利用 GPS 卫星进行测量时，用户接收到的 GPS 卫星信号是一种已调波，用户要利用 GPS 信息，就必须从已调波里面分离出测距码信息、导航电文信号以及纯净的载波信号，一般就把这个过程称为信号的解调。通常在用户接受到信号后，可用以下两种方法进行解调：

（1）码相关解调技术。

调制波以码状态与载波相乘实现的，当码状态由 + 1 变为 – 1 或者从 – 1 变为 + 1 时，都会使调制后的载波信号改变相位，产生跃迁而形成调制波。要想恢复载波，可将接收机产生的复制码信号，在同步条件下与卫星信号相乘就可以了。

（2）平方解调技术。

由于 ±1 的调制码信号经平方后均为 + 1，而 + 1 是不改变载波相位，所以卫星信号经过平方后即可达到解调的目的。平方解调技术不必知道调制码的结构，但它解调时消去了测距码和数据码信号，因此不能用了恢复导航电文。当接收到 GPS 信号后，首先通过变频得到一中频信号，此时仅仅是降低了载波频率；然后再将此信号消去载波上的测距码和数据码信号；最后输出经过调解后的纯净载波。其过程如图 1.3.9 所示。

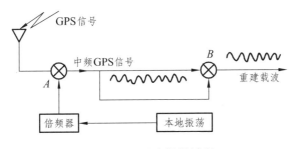

图 1.3.9　平方解调过程

二、GPS 卫星的测距码信号

GPS 卫星发射的测距码信号包含了 C/A 码和 P 码。这两种都是伪随机噪声码信号，下面将分别介绍其产生、特点和作用。

1. 码及码的特点

码是表达信息的二进制数及其组合。每一位二进制数称为一个码元或者 1 比特（bit）。比特是码的度量单位，也是信息量单位，在二进制数及其组合。如果将各种信息，通过量化并按某种规律表示为二进制数的组合形式，这一过程称为编码，也就是信息的数字化。数码率是指在数字化信息传输中的每秒钟传输的比特数。

2. 伪随机噪声码（Pseudo Random Noise，PRN）

GPS 卫星发送给用户的导航定位信号，包括两个载波，两个伪噪声码（即 C/A 码和 P 码）及一个 D 码。伪噪声码的特点在于，不仅具有类似随机码的良好自相关性，而且具有某种确定的编码规则。它属于周期性的、可人工复制的码序列。伪随机码是由多级反馈移位寄存器产生，其示意图如图 1.3.10 所示。

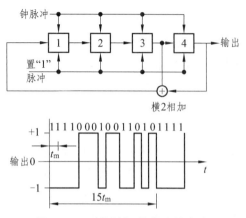

图 1.3.10 伪随机噪声码的产生

3. GPS 卫星的测距码信号

（1）C/A 码。

C/A 码是在频率为 1.023MHZ 的钟脉冲驱动下，由两个 10 级反馈移位器相组合而产生的。各颗 GPS 卫星使用的 C/A 码的码长、码元宽度、周期和数码率都基本相同，但结构不相同，这样既容易复制和区别。C/A 码的码长 $N_\mu = 1\,023$ bit，码元宽 $t_\mu = 0.097\,752$ μs，周期 $T_\mu = N_\mu t_\mu = 1$ ms，数码率 $N_\mu/t_\mu = 1.023$ Mbit/s。

C/A 码的特点如下：

① C/A 码的码长很短，易于捕获。由于其易于捕获，而且根据捕获的 C/A 码信息，可方便的捕获 P 码。所以又称 C/A 码为捕获码。

② C/A 码的码元宽度大，导致其测距的误差可达到 330 m。由于其精度较低，所以 C/A 码也称为粗码。综上，C/A 码可以称为粗捕获码。C/A 码发生图如图 1.3.11 所示。

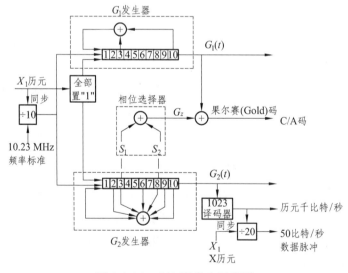

图 1.3.11　C/A 码发生示意图

（2）P 码。

P 码是卫星的精确码，GPS 发射的 P 码的原理与 C/A 码相似，但其设计细节比 C/A 码精细复杂而且严格保密。码率为 10.23 MHz，是由两个为随机码 $PN_1(t)$ 和 $PN_2(t)$ 的乘积得到的。其中 $PN_1(t)$ 是由两个 12 级反馈位寄存器组合构成的，在频率为 10.23 MHz 钟脉冲的驱动下，本应产生码长为 $N_1 = 16.769 \times 10^6$ bit、周期为 $T_1 = 1.6$ s 的 m 序列；但在截短电路的作用下，$PN_1(t)$ 码长为 $N_1 = 15.345 \times 10^6$ bit、周期为 $T_1 = 1.5$ s 的截短序列。$PN_2(t)$ 是由另外两个 12 级反馈移位寄存器组合构成的，其码长为 $N_2 = 15.345 \times 10^6 + 37$ bit 的截短序列。$PN_2(t)$ 和 $PN_1(t)$ 的数码率是相同的，但是码长却比 $PN_1(t)$ 多了 37 个码元。然后将 $PN_2(t)$ 进行移位后和 $PN_1(t)$ 相乘，所获得的复合序列即为 P 码，可用下式表示：

$$P(t) = PN_1(t) \cdot PN_2(t + nt_0) \quad (n = 0，\cdots，36) \quad\quad (1.3.3)$$

P 码的特点如下：

① 码长 $N_\mu = 2.35 \times 10^{14}$ bit，码元宽 $t_\mu = 0.097\ 752$ μs，周期 $T_\mu = N_\mu t_\mu = 267$ d，数码率 N_μ / t_μ = 10.23 Mbit/s。在式（1.3.1）中，n 可以取不同的 37 个数值，这样可以获得 37 种 P 码。而在实际使用中，P 码采用以 7 d 为周期即在随机码中截取一段周期为 7 d 的 P 码。这样可以获取 37 种不同结构，周期为一周的 P 码。而这 37 个 P 码中，32 个供不同的 GPS 卫星使用，5 个供地面监控站使用。

② 实际使用的 P 码码长约为 6.19×10^{12} bit，若采用搜索 C/A 码的方法来捕获 P 码，即逐个码元依次进行搜索，那样是无法实现的，因为所需的时间太长。因此，一般都是先捕获 C/A 码，然后根据导航电文所提供的有关信息，再捕获 P 码。

③ P 码的码元宽度为 C/A 码的 1/10，这时如果获取码元的相关精度为码元宽度的 1/10~1/100，则由此引起的相应距离误差仅为 C/A 码的 1/10，所以 P 码可用于较精密的导航和定位，称为精码。目前，美国政府对 P 码保密，只提供军用，而且接收 P 码的接收机价格昂贵即只有美国或其特许的用户才能使用 P 码。所以一般用户只能接收到 GPS 的 C/A 码信号。即使如此，美国国防部从 1994 年 1 月 31 日起实施了 AS 政策，即在 P 码上增加一个极度保密的 W 码，形成一个新码 Y 码，绝对禁止非特许用户使用。

三、GPS 卫星的导航电文

GPS 卫星的导航电文是 GPS 定位和导航的数据基础。它又简称为卫星电文，主要由卫星星历、时钟改正、电离层时延改正、卫星工作状态的信息以及 C/A 码捕获 P 码的信息组成。这些数据信息是按照规定的格式以二维码的形式进行编码，并按帧发送给用户，因此又称为数据码或者 D 码。

1. 导航电文的组成

导航电文的基本单位叫做"帧"，一帧导航电文长 1 500 bit，传输速率是 50 bit/s，30 s 能够传输完一个主帧。一帧包含 5 个子帧，第 1、2、3 帧均含有 10 个字码，每个字码含 30 bit 电文，故每一子帧含有 300 bit 电文，根据电文的传输速率，播发每一子帧电文的时间需要 6 s。为了记载多达 25 颗 GPS 的星历，规定第 4、5 子帧各含有 25 个页面，共有 37 500 bit，需要 750 s 才能将 25 个页面全部播发完。这表明，一台 GPS 信号接收机获取一帧完整的卫星导航电文需要 750 s。第 1、2、3 子帧内容每小时更新一次，第 4、5 子帧的内容仅在卫星注入新的导航数据后才得以更新，如图 1.3.12 所示。

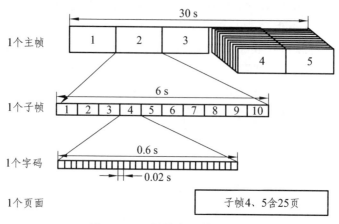

图 1.3.12　导航电文的组成图

2. 导航电文的内容

（1）遥测码。

遥测码（telemetry word，TLW）是各子帧开头的第一个字码，它的作用是指明卫星注入数据的状态。其中，第 1～8 bit 是同步码（10001001），为各子帧编码脉冲提供一个同步起点，接收机将从该起点开始顺序解译电文。第 9～22 bit 为遥测电文，包括地面监控系统注入数据时的状态信息、诊断信息及其他信息，以此指示用户是否选用该课卫星。第 23 bit 和第 24 bit 是连接码。第 25～30 bit 为奇偶检验码，它用于发现纠正错误，确保正确地传送导航电文。

（2）转换码。

转换码（Hand Over Word，HOW）是各子帧的第二个字码，它的作用是提供用户从捕获的 C/A 码转换到捕获 P 码的 Z 计数。Z 计数位于转换码的第 1～17 bit，实际是从每周六／周日零时开始的时间计数。P 码子码 X_1 的周期是 1.5 s 的重复数，即 Z 计数的量程是 0～403 200。因此，知道了 Z 计数，也就知道了观测瞬间在 P 码周期中所处的准确位置，这样便可迅速捕获 P 码。第 18 bit 表示卫星注入电文后是否发生滚动动量矩卸载现象。第 19 bit 表示数据帧时间是否与 P 码子码 X_1 同步。第 20～22 bit 表示子帧的识别标志。第 23～24 bit 表示连接码，第 25～30 bit 和遥测码一样，表示奇偶检验码。

（3）第一数据块。

第一数据块是第 1 子帧的第 3～10 字码，其主要内容包括：标识码、时延差改正、星期序号、卫星的健康状况、数据龄期、卫星时钟改正系数等。现作如下简要说明：

① 时延差改正 T_{gd}。

时延差改正 T_{gd} 表示载波 L_1、L_2 的电离层时延差。当使用单频接收机时，为了减小电离层效应影响，提高定位精度，要用 T_{gd} 改正观测结果；双频接收机可通过 L_1、L_2 两项频率的组合来消除电离层效应的影响，因此不需要此项改正。

② 数据龄期 $AODC$。

卫星时钟的数据龄期 $AODC$ 是时钟改正数的外推时间间隔，它指明了卫星时钟改正数的置信度。

$$AODC = t_{oc} - t_1 \tag{1.3.4}$$

式中，t_{oc} 为第一数据块的参考时刻；t_1 是计算时钟改正参数所用数据的最后观测时间。

③ 星期序号 WN。

WN 表示从 1980 年 1 月 6 日子夜零点（UTC）起算的星期数，即 GPS 星期数。

④ 卫星时钟改正。

卫星时钟差，是每一颗 GPS 卫星的时钟相对于 GPS 时系的差值。由于相对论效应，卫星钟比地面种略快一些。地面监控通过监测确定出这种差值，并用导航电文播发给广大用户。GPS 卫星的时钟相对 GPS 时间系统存在着差值，需加以改正，这便是卫星时钟改正。

$$\Delta t_s = \alpha_0 + \alpha_1(t - t_{oc}) + \alpha_2(t - t_{oc})^2 \tag{1.3.5}$$

式中，α_0 为卫星钟差（s）；α_1 为卫星钟速（s/s）；α_2 为卫星钟速变率（s/s²）。

（4）第二数据块。

第二数据块由导航电文的第 2 和第 3 子帧构成。它的内容是 GPS 卫星星历，这是 GPS 卫星为导航、定位播送的主要电文，描述卫星的运行及其轨道参数，提供有关计算卫星运行位置的数据。包括以下三类：

① 开普勒六参数。

六个参数分别为：$\sqrt{a}$，e，i_0，Ω_0，ω，M_0。其中，$\sqrt{a}$ 为卫星轨道椭圆长半轴的平方根；e 为卫星轨道椭圆偏心率；i_0 为参考时刻 t_0 为轨道面倾角；Ω_0 为参考时刻 t_0 的升交点赤经；ω 为近地点角距；M_0 为参考时刻 t_0 的平近点角。

② 轨道摄动九参数。

九个参数分别为：Δn，Ω，I，C_{us}，C_{uc}，C_{is}，C_{ic}，C_{rs}，C_{rc}。其中，Δn 为平均角速度改正数；Ω 为升交点赤经变化率；I 为卫星轨道平面倾角变化率；C_{us}、C_{uc} 为升交角距的正余弦调和改正项振幅；C_{is}、C_{ic} 为轨道正面倾角的正余弦调和改正项振幅；C_{rs}、C_{rc} 为轨道向径正余弦调和改正项振幅。

③ 时间二参数。

t_0 为由星期日子夜零点开始起算的星历参考时刻；$AODE$ 为星历表的数据龄期。

（5）第三数据块。

第三数据块由导航电文的第 4 和第 5 子帧构成。它向用户提供 GPS 卫星的历书数据。当接收机捕获到某颗 GPS 卫星信号后，根据第三数据块提供的其他卫星的概略星历、时钟改正、卫星工作状态等数据，用户可以选择工作正常、位置适当的卫星，构成最佳观测空间几何图形，以此提高导航和定位精度。用户可根据已知的码分地址，较快地捕获到所选择的卫星。

任务三 GPS 卫星的运动

GPS 卫星的运动分为两种：一种是卫星的无摄运动；另一种是卫星的有摄运动。

一、GPS 卫星的无摄运动

人造地球卫星绕地球的运动状态取决于它所受到的各种作用力。这些作用力主要有：地球对卫星的引力，太阳、月亮对卫星的引力，大气阻力，太阳光压，地球潮汐力等等。在这些力当中，地球引力是最为主要的。在多种力的合力下，卫星在空间运行的轨迹极其复杂，难以用简单而精确的数学模型表达。为了研究卫星的基本运动规律，把卫星受到的作用力分为两种：第一种是地球质心引力，即等效于质量集中于球心的质点所产生的引力；而实际上地球并非球形，地球引力场对这种类似椭球体的形状会产生非中心的引力，加上日、月引力，大气阻力等便产生了第二种名为摄动力的非中心引力。本节将介绍忽略所有的摄动力，在仅考虑地球质心引力情况下研究地球的运动，由于在研究无摄运动中，将地球和卫星看做是两个质点，在天体力学里称为二体问题。

1. 二体问题的运动方程

研究卫星绕地球运动，主要是研究卫星运动状态随时间的变化规律，根据物理学中牛顿定律可以很方便地得到二体问题的卫星运动方程。

根据万有引力定律，地球受卫星的引力为

$$F_e = \frac{GM \cdot m}{r^2} \cdot \frac{\boldsymbol{r}}{r} \tag{1.3.6}$$

式中，M 为地球质量，m 为卫星质量，$G = 6.672 \times 10^{-8} \ \text{cm}^3/(\text{g} \cdot \text{s}^2)$ 为万有引力常数，$\boldsymbol{r}$ 为卫星在历元平天球坐标系中的位置向量，r 为向量 $\boldsymbol{r}$ 的模，即卫星到地球的距离。

根据牛顿第三定律，卫星受地球的引力 F_s，其大小与 F_e 相同且方向相反，即

$$F_s = \frac{GM \cdot m}{r^2} \cdot \frac{\boldsymbol{r}}{r} \tag{1.3.7}$$

根据牛顿第二定律，可得卫星及地球的运动方程为

$$m \frac{\mathrm{d}^2 \boldsymbol{r}}{\mathrm{d}r^2} = -\frac{GM \cdot m}{r^2} \cdot \frac{\boldsymbol{r}}{r} \tag{1.3.8}$$

$$M \frac{\mathrm{d}^2 \boldsymbol{r}}{\mathrm{d}r^2} = -\frac{GM \cdot m}{r^2} \cdot \frac{\boldsymbol{r}}{r} \tag{1.3.9}$$

由此可得，在二体问题下卫星相对地球的运动方程：

$$\frac{\mathrm{d}^2 \boldsymbol{r}}{\mathrm{d}r^2} = -\frac{G(M+m)}{r^2} \cdot \frac{\boldsymbol{r}}{r} \tag{1.3.10}$$

由于卫星质量（约 774 kg）远小于地球质量（5.97×10^{21} t），因此，通常略去卫星的质量 m，并记 $\mu = GM$ 为地球引力常数。卫星在上述地球引力场中的无摄运动称为开普勒运动，其规律可以用开普勒定律来描述。

2. 开普勒定律

卫星在太空中的运动遵循开普勒提出的行星运动定律。开普勒通过观测发现空间天体的运动遵循三个相当简单的数学定律。

（1）开普勒第一定律。

开普勒指出，行星的轨道处在一个平面上，该轨道为椭圆形，太阳位于其中的一个焦点上。此定律同样也适合卫星，卫星也沿平面运转，它们围绕地球运转的轨道为椭圆形，地球位于轨道椭圆的一个焦点上。

卫星轨道椭圆被称为开普勒椭圆，其形状和大小保持不变。在椭圆轨道上，卫星离地球质心最远的一点称为远地点。从该值中减去地球半径（约为 6 378 km），就得到了卫星距离地球表面的最大高度。卫星离地球质心最近的一点称为近地点，由该值减去地球半径，即得到卫星距离地球表面的最小高度。

根据公式，可得到卫星绕地球质心运动的轨道方程：

$$r = \frac{\alpha_s(1 - e_s^2)}{1 + e_s \cos f_s} r \tag{1.3.11}$$

式中，r 为卫星的地心距离；α_s 为开普勒椭圆的长半径；e_s 为开普勒椭圆的偏心率；f_s 为真近点角，它描述了任意时刻卫星在轨道上相对近地点的位置，是一个时间的函数。

（2）开普勒第二定律。

第二定律的表述是：连接行星和太阳的直线在相等的时间间隔内扫过的面积相等。因此这条定律也被称为等面积定律。同样，该定律也适合卫星即卫星在过地球质心的平面内运动，其向径在相同的时间内扫过的面积相等。

在轨道上运行的卫星，与任何其他物体一样，也具有两种能量：动能和势能（位能）。势能仅受地球重力场的影响，其大小和卫星在轨道上所处的位置相关。在近地点时，其势能最小，在远地点时，势能最大。卫星在任一时刻 t 所具有的势能可表示为：$-\dfrac{GMm_s}{r}$。

而动能则是由卫星运动引起的，其大小是卫星运动速度的函数。若取卫星的运动速度 v_s，则其动能为 $\dfrac{1}{2} m_s v_s^2$，并根据能量守恒定律，卫星在运动过程中，动能和势能之和应保持不变，即

$$\frac{1}{2} m_s v_s^2 - \frac{GMm_s}{r} = 常量 \tag{1.3.12}$$

由此可见，卫星运行在近地点时，其动能最大，在远地点时动能最小。也就是说卫星在远地点的速度最小，在近地点的速度最大，如图 1.3.13 所示。

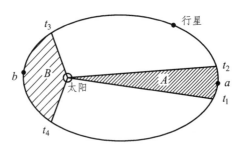

图 1.3.13　太阳向径在相同时间扫过的面积示意图

（3）开普勒第三定律。

第三定律指出，行星轨道周期的平方与轨道长半轴的立方成正比且为一个常数。而该常数等于地球引力常数 GM 的倒数。

开普勒第三定律的数学表达式为

$$\frac{T_s^2}{\alpha_s^3} = \frac{4\pi^2}{GM}$$

（1.3.13）

式中，T_s 为卫星运动的周期，即卫星绕地球运行一周所需的时间。

若假设卫星运动的平均角速度为 n，则有：

$$n = \frac{2\pi}{T_s}$$

（1.3.14）

于是将公式（1.3.14）带入式（1.3.13）可得

$$n^2 \alpha_3^3 = GM$$

（1.3.15）

显然，当开普勒椭圆的长半径确定后，卫星运行的平均角速度便随之确定且保持不变。对于计算卫星位置有很重要的意义。

3. 卫星运动的轨道参数

由开普勒第一定律可知，卫星运行的轨道是通过地心平面上的椭圆，且椭圆的一个焦点与地心重合。想要确定椭圆的形状和大小只需要确定椭圆的长半径 a 及其偏心率 e 这两个参数。另外，为了确定任意时刻卫星在轨道上的位置，需要一个参数即真近点角。

参数 α_s、e_s、和 f_s，唯一地确定了卫星轨道的形状、大小以及卫星在轨道上的瞬时位置，但无法确定卫星轨道平面与地球体的相对位置和方向。根据开普勒第一定律，轨道椭圆的一个焦点与地球的质心相重合，所以，为了确定该椭圆在天球坐标系中的方向，还需要三个参数。它们分别是：

升交点的赤经 Ω，即地球赤道平面上，升交点与春分点之间的地心夹角。（升交点是当卫星由南向北运行时轨道与地球赤道面的一个交点。）

轨道面的倾角 i，即卫星轨道平面与地球赤道平面之间的夹角。

这两个参数唯一的确定了卫星轨道平面与地球体之间的相对定向。称为轨道平面参数。

近地点角距 ω_s，即在轨道平面上，升交点与近地点之间的地心夹角，这一参数表达了开普勒椭圆在轨道面上的定向，称为轨道椭圆定向参数。

卫星的无摄运动，一般可通过一组适宜的参数来描述，但是，这组参数的选择并不是唯一的，上述一组 α_s、e_s、Ω、i、ω_s、f_s，参数是应用广泛的参数，称为开普勒轨道参数或者轨道根数。

选用上述 6 个参数来描述卫星的轨道运动，一般来说是合理必要的。但在特殊情况下，如卫星轨道为一圆形轨道，即 $e = 0$ 时，参数和 V 便失去了意义，对于 GPS 卫星来说 $e = 0.01$，所以采用上述 6 个轨道参数是适宜的。至于参数的大小，则是由卫星的发射条件所决定的。一般把 6 个参数所构成的坐标系统称为轨道坐标系统，在该系统中，当 6 个参数一旦确定，卫星在任一瞬间相对地球体的空间位置即速度就可确定了。

二、GPS 卫星的受摄运动

对于卫星精密定位来说，只考虑地球质心引力情况下卫星的运动状态即只研究二体运动是不能满足要求的，还必须考虑地球引力场摄动力、日月摄动力、大气阻力、光压摄动力、潮汐摄动力对卫星运动状态的影响。考虑了摄动力作用的卫星运动称为卫星的受摄运动。

1. 地球引力场摄动力对卫星轨道的影响

地球的实际形状接近于一个长短轴相差约为 21 km 的椭球体且内部质量分布不均匀，形状也不规则。所以在北极大地水准面高出椭球体面约 19 m，在南极大地水准面凹下椭球面约 26 m，而在赤道附近两者之差最大值约 108 m。

地球体的这种不规则和不均匀性，会引起包括地球质心引力和地球引力场摄动力两部分。这时，可以建立一个位函数来表示地球外部空间一个质点所受的作用力。设 V 是地球引力位，ΔV 是摄动位，则有

$$V = \frac{GM}{r} + \Delta V \tag{1.3.16}$$

式中，r 为质点地心矢径的模。式右边第一部分 GM/r 为地球形状规则和密度均匀所产生的正常引力位，卫星在它的作用下做二体运动，其轨道为正常轨道。第二部分是摄动位函数。由于地球形状不规则，内部质量分布不均匀，摄动位函数不能用一个简单的封闭公式表示，可用无穷级数（球面数展开式）表示。V 是卫星位置的函数，它使卫星运动的轨道参数随时间变化而变化。忽略 10^{-6} 及更小量级的地球引力场摄动力的位函数可以写成：

$$\Delta V = -J_2(3\sin^2 \varphi - 1)/(2r) \tag{1.3.17}$$

式中，J_2 是地球引力场位函数的二阶带谐系数。

考虑到 $\sin\varphi = \sin i \cdot \sin(\omega + V)$，则有

$$\Delta V = -J_2[(0.5 - 0.75\sin^2 i)] + 0.75\sin^2 i \cdot \sin^2(\omega + V)]/r^3 \tag{1.3.18}$$

式中，J_2 为已知的引力场常量，它为 10^{-3} 量级（天体力学常称为一阶小量）；i，w 为轨道参数；r 为卫星矢量径 r 的模；V 是真近点角。r 和 V 可以进一步化为轨道参数 α、e、M 和时间

t 的函数。

由于 GPS 卫星轨道较高，而随着高度的增加，地球非球形引力的影响将迅速减小。地球引力场摄动位对 GPS 卫星轨道的影响主要表现如下：

（1）引起轨道平面在空间的旋转。

（2）引起近地点在轨道面内的旋转。

（3）引起平近点角的变化。

2. 日、月引力对卫星轨道的影响

如果将日、月作为质点，则其引力是一种典型的第三体摄动力，由此引起的摄动力可以表示为

$$F_s + F_m = GM_s[(r_s - r)/|r_s - r|^3 - r_s/|r|^3] + GM_m[(r_m - r)/|r_m - r|^3 - r_m/|r|^3] \qquad (1.3.19)$$

式中，M_s，M_m 分别表示太阳与月球的质量；r_s，r_m 分别表示太阳、月球和卫星的位置矢量。

日、月引力引起的卫星位置摄动，主要表现为一种长周期摄动。它们作用在 GPS 卫星上的加速度约为 5×10^{-6}m/s，如果不考虑此项影响，将造成 GPS 卫星在 3 h 弧段上，在径向、法向和切向上产生 50 ~ 150 m 的位置误差。

尽管太阳的质量是月球的几倍，但由于 GPS 卫星距太阳较远，所以太阳引力的影响仅为月球引力影响的 46%。由于太阳系中的其他行星对 GPS 卫星的影响远小于太阳引力的影响，因此可以忽略不计。

3. 太阳光压对卫星轨道的影响

卫星在运行中，将直接或间接受到太阳光辐射压力的影响而使轨道产生摄动。卫星在运动中受到的太阳光辐射压力公式为

$$F_p = -K \rho_p S r_s^0 \qquad (1.3.20)$$

式中，K 为卫星表面反射系数；ρ_p 为光压强度，在距太阳为地球轨道半径处太阳光压强度通常取 $4.560\ 5 \times 10^{-6}$ N/m；S 为垂直于太阳光线的卫星截面积；r_s^0 为太阳在坐标系中的位置单位矢量。

从式（1.3.20）可知太阳光辐射压力对卫星产生摄动加速度，不仅与卫星、太阳、地球三者间的相对位置有关，而且也与卫星表面的反射特性、卫星接收阳光照射的有效截面积同卫星质量比有关。当卫星运动到地影区域内，由于地球的遮挡，卫星不受太阳辐射压力的影响。

一般来说，太阳光对 GPS 卫星会产生摄动加速度。如果忽略这一影响，可使卫星在 3 h 弧段上产生 5 ~ 10 m 的位置偏差，这种偏差对于基线长度大于 50 km 的相对定位一般来说是不容忽视的。还有一部分间接的太阳辐射是由地球表面反射到卫星的，这称为反射效应。间接辐射压力对于 GPS 卫星运动的影响较小，一般只占直接辐射压的 1% ~ 2%，通常可以忽略这一影响。

4. 地球潮汐作用力对卫星轨道的影响

日、月引力作用于地球，使之产生形变（固体潮）或质量移动（海潮），从而引起地球质量分布的变化，这一变化将引起地球引力的变化。可以将这种变化视为在不变的地球引力中附加一个小的摄动力——潮汐作用力，这种力对 GPS 卫星产生的加速度其量级较小。如果忽略固体潮汐的影响，可使卫星在 2 d 的运动弧段上产生 0.5～1 m 的轨道误差，如果忽略海洋潮汐的影响，也将会对 2 d 的弧段产生 1～2 m 的轨道误差。目前，对大多数的 GPS 用户来说，此项影响可以忽略不计。

5. 大气阻力对卫星轨道的影响

由于大气随着高度的增加而密度降低，所以大气阻力对低轨道的卫星影响较大，其影响量值主要取决于大气密度、卫星截面积与质量之比及卫星运动速度。但在 GPS 卫星轨道高度上（2×10^4 km），大气阻力已经微不足道，可以不考虑。

综上所述，在人造地球卫星所受的摄动力中，地球引力场摄动力最大，其他摄动力的影响要相对小得多。而这些摄动力会引起卫星位置的变化，引起轨道参数的变化。

任务四　GPS 卫星星历

GPS 卫星星历是描述卫星运行轨道的信息。亦可以说，GPS 卫星星历是一组对应于某一时刻的卫星轨道参数及其变率即根据卫星星历就可以计算出任一时刻的卫星位置和速度。GPS 卫星星历分为两种：一种是通过导航电文中的第二数据块直接发射给用户接收机，通常称为预报星历；另外一种是由 GPS 的地面监测站，通过磁带、网络等向用户提供，称为后处理星历。

一、GPS 卫星的预报星历（广播星历）

用户利用 GPS 卫星接收机接收到的卫星信号，通过解码可以获得 GPS 卫星的导航电文，而导航电文的内容之一即为描述卫星运行轨道信息的卫星预报星历。由于预报星历是通过电文的方式直接发送给用户接收机的，因此又称为广播星历。预报星历通常包括某一参考历元的开普勒轨道参数和必要的轨道改正参数。

参考历元是通过地面监控站根据大约一周的观测资料计算得到，代表卫星在参考历元的瞬时轨道参数，但由于在摄动力的影响下，卫星的实际轨道将偏离其参考轨道，偏离的程度主要取决于观测历元与参考历元的时间差。如果在 GPS 卫星二体运动的基础上加入长期摄动改正项和周期摄动改正项，就可以推算出任意观测历元的卫星星历，即卫星轨道预报星历。但是，如果观测历元与所选参考历元间的时间间隔较长，必定会降低卫星轨道预报星历参数的精度。在实际应用中为了保证预报星历的精度，通常采用的是限制预报星历外推时间间隔的方法。GPS 卫星的参考星历是每小时更新一次，参考历元选在两次更新星历的中间时刻，所以参考历元外推的时间间隔限制为 0.5 h。一般来说，预报星历的精度为 20～40 m。

预报星历的内容包括：参考历元瞬间的开普勒轨道 6 个参数，反映摄动力影响的 9 个参数，以及参考时刻参数和星历数据龄期，共计 17 个星历参数。

GPS 的卫星向广大用户所播发的广播星历包括两种，它们分别是利用 C/A 码和 P 码两种信号码进行传送的。如是用 C/A 码所传送的 GPS 卫星星历，简称 C/A 码卫星星历，其精度就是上文提到过的 20～40 m。但由于美国实施了 SA 计划后，C/A 码星历受到人为的干扰，其精度降低了很多，使得利用 C/A 码进行单点定位的精度下降到近百米。如是用 P 码所传送的 GPS 卫星星历，简称 P 码星历，P 码星历的精度为 5 m 左右。由于 P 码是供军事及特许用户使用，所以只有较少的用户才能解译出精度较高的 P 码星历进行导航和测量定位。如果用户需要进行高精度的 GPS 测量定位，可以利用精密星历。

二、GPS 卫星的后处理星历（精密星历）

因为 GPS 卫星的预报星历有外推的误差，所以难以满足一些需要高精密的用户需求，这就需要一个比预报星历更为精密的卫星星历——后处理星历，它的精度可达到米级，甚至以后有望达到分米级。后处理星历是一些国家的某些部门根据各自建立的地面跟踪站对 GPS 卫星进行观测所获取的精密观测资料，应用与确定广播星历相似的方法计算而得到的精密星历。由于精密星历是用户在进行测量定位时间内的实测卫星星历，其避免了预报星历的外推误差，所以其精度很高，可达分米级。

但是，这种星历是用户无法通过卫星信号实时获取，用户只能在事后通过互联网、电传、磁带等通信媒体获取，而且一般这是一种有偿服务。所以精密星历又被称为后处理星历。

目前许多国家都在建立和维持 GPS 卫星独立跟踪系统，对 GPS 卫星进行精密的定轨，为用户提供精密星历服务。系统的实施就可以建立区域性或全球的精密测轨系统的计划，对推进测绘科学技术的现代化具有重要意义。

本项目小结

在本项目中，应该了解 GPS 卫星定位系统、GPS 星历的构成、卫星载波信号、GPS 测距码、GPS 卫星信号，开普勒三定律；掌握导航电文的内容、卫星的无摄运动、卫星的受摄运动以及对受摄运动对卫星的影响。

GPS 卫星信号包括：载波、测距码和导航电文。其中导航电文是用户用来定位和导航的数据基础，主要包括：卫星星历、时钟改正、电离层延迟改正、工作状态信息 C/A 码转换到捕获 P 码。GPS 卫星采用 L 频带的两种不同频率的电磁波作为高频信号，分别在高频载波上加载频率低的信号，用户接收机接收到这种信号后，从中分离出载波、测距码的信号。这个过程称为 GPS 卫星信号的调制与解调。GPS 星历是描述卫星运动轨道的信息，分为预报星历和后处理星历，且精度后者比前者高。GPS 卫星的无摄运动是只考虑地球质心对卫星的引力，而 GPS 卫星的受摄运动是考虑到各种引力对卫星的影响。前者是在理想状态下以开普勒三定律为基础研究卫星的运动轨道；后者对的卫星的运动轨道研究更接近真实情况，但也更为复杂。

习　题

3-1　GPS 卫星可以发射几种载波？其频率和波长各是多少？

3-2　试叙述导航电文的内容。

3-3　什么是预报星历？什么是后处理星历？两种有什么区别？

3-4　通过图表说明 GPS 卫星信号是怎么构成的。

3-5　叙述 C/A 码和 P 码的产生过程及其特点。

3-6　简述卫星在轨道上运动所受力的作用。

3-7　简述卫星轨道运动的开普勒三定律。

3-8　卫星的受摄运动中主要是哪些摄动力对其轨道产生影响？

3-9　地球引力场摄动力对卫星的运动有哪些影响？

3-10　日、月引力对卫星的运动有哪些影响？

子项目四　GPS 卫星定位原理

GPS 卫星定位的实质是把卫星视为"动态"的控制点,在待定位置上安置 GPS 接收机获取卫星信号计算卫星的瞬时坐标,利用空间距离交会法,确定用户接收机天线几何中心所处位置的一种定位方法。其测量内容主要包括:载波信号进行相位测量及利用测距码进行伪距测量以及对出现在此过程中的周跳进行处理。

任务一　GPS 卫星定位原理概况

应用 GPS 卫星信号进行定位的方法,可以按照用户接收机天线在测量中的状态,或者按照参考点的位置,分为静态定位和动态定位、绝对定位和相对定位。依照测距的原理不同,又可分为测码伪距定位、测相伪距定位、差分定位等。本章将论述测码伪距和测相伪距进行绝对定位和相对定位的原理和方法,最后讲述当前比较流行的差分 GPS 定位技术。

一、静态定位和动态定位

按照用户接收机在测量中的运动状态不同进行分类,所谓静态定位,是指 GPS 接收机在进行定位时,待定点的位置相对于周围的点位没有发生变化,即其天线的位置处于固定不动的静态位置。由于地球本身是在运动的,严格地说,所谓的静止状态,是其相对于周围的固定点天线位置没有可察觉的运动,或者变化非常的缓慢以至于在一次观测时间内无法被察觉。静态定位时,可以通过大量重复的观测提高定位点的精度。正是由于这个原因,静态定位在大地测量、精密工程测量、地球动力学及地震监测领域内得到了广泛的应用,是精密定位中的基本模式。随着快速解算整轴模糊度技术的出现,其作业时间大大减少,因此在普通测量和一般工程测量等领域内得到了广泛的应用。测定板块运动以及检测地壳形变都是静态定位的典型例子。

所谓动态定位,简单说就是在定位过程中,GPS 接收机位于运动着的载体,天线也处于运动状态中的定位。例如:为了确定运动中车辆、飞机等物体的实时状态如速度、时间和方位等,从而在这些载体上安置 GPS 接收机,用动态定位方法确定接收天线的这些状态。严格意义上讲,静态定位和动态定位的根本区别并不在于待定点是否在运动,而是在于建立数学模型中待定点的位置是否可以看成常数。

二、绝对定位和相对定位

根据参照位置的不同,GPS 定位的方法又可分为绝对定位和相对定位。绝对定位是以地球质心为参考点,待定点在协议地球坐标系中的绝对位置。由于是利用一台接收机来测定其的绝对位置,所以绝对定位又叫单点定位。目前 GPS 系统采用 WGS—84 系统,因而单点定位的结构也属于该坐标系统。

绝对定位的优点在于:仅需要一台接收机即可独立定位;外业观测的组织和实施也较为自由方便;数据的处理也相对简单。但其也存在缺点:绝对定位的结构受卫星星历误差和卫星信号传播过程中的大气延迟误差的影响大,所以其定位境地较差。绝对定位适用于船舶、飞机的导航、地质矿产勘探、暗礁定位、海洋捕鱼等低精度测量领域。

相对定位是在协议地球坐标系中,利用若干台(两台以上)接收机测定观测点至某一地面参考点即已知点之间的相对位置。

相对定位的优点在于:在同步观测资料进行相对定位时,对于测站来说有许多误差如星历误差、大气折射误差等,在相对定位的过程中这些误差可以得到消除或者大幅度削减,从而可以获得很高精度的相对位置。其也存在着缺点:需要使用多台接收机进行同步观测,如果其中一台接收机出现故障,都将导致该测站的有关相对定位工作无法进行;外业的观测组织和实施就较单点定位更为复杂;数据的处理也更为麻烦。

任务二 伪距测量

伪距法定位是由 GPS 接收机在某一时刻测出 4 颗以上的 GPS 卫星的伪距得到已知点的卫星位置,采用距离交会的方法求定接收机天线所在点的三维坐标。伪距测量是由 GPS 卫星发射的测距码信号到达 GPS 接收机的传播时间乘以光速所得到的距离。由于卫星钟、接收时钟和信号经过大气层的延迟,实际测量出的距离与卫星接收到的几何距离有一定的偏差,因此一般把这样量测出的距离称为伪距(即不是真实的距离)。用 C/A 码进行测量的伪距称为 C/A 码伪距用 P 码测量的伪距称为 P 码伪距。

测距码伪距测量的原理是接收机接收到卫星传送来的测距码后,接收机的振荡器立即产生与卫星传来的测距码码形结构完全相同的伪随机噪声码,两组码结构相同,但是相位不同即码没有对齐,通过延时器使码对齐(在实际的工作中,由于有误差的存在,只能两者无限的接近对齐)对齐所用的时间即为测距码在空间传播的时间,进而乘以光速得到伪距。C/A 码和 P 码这两种测距码的伪距观测误差最大分别是 2.9 m 和 0.29 m。虽然定位的精度不高,但是却有速度快等优点,故仍然是一种常用的方法。

一. 测码伪距

测码伪距测量是通过测量地面接收机接收到 GPS 卫星的信息中的测距码信号所用的时间,从而计算出地面接收机到卫星的距离。其公式为

$$\rho = \Delta t \times c \qquad\qquad (1.4.1)$$

式中,Δt 为信号传播的时间;c 为光速。

要准确测定测站与卫星之间的距离就必须使卫星钟与用户接收机时钟保持同步，但实际中却会存在卫星钟与接收机钟误差以及无线电信号经过电离层和对流层中有延迟误差，这会导致实际测出的伪距与真实的伪距有一定的差值。

用 t^j（GPS）表示第 j 颗卫星发出信号瞬间的 GPS 标准时间，t^j 是相应卫星钟钟面时刻，δt^j 表示卫星钟钟面与相对 GPS 标准时的差；t_i(GPS)表示接收机在第 i 个测站上收到卫星信号瞬间的 GPS 时间，t_i 是相应的接收机钟面时刻，δt_i 表示接收机钟面相对于 GPS 标准时间的差。即有下面的关系：

$$t^j = t^j(\text{GPS}) + \delta t^j \tag{1.4.2}$$

$$t_i = t_i(\text{GPS}) + \delta t_i \tag{1.4.3}$$

在不考虑大气层对信号的影响的前提下，可以推出卫星到达接收站之间的伪距：

$$P = (t_i - t^j) \times c = c[t_i(\text{GPS}) - t^j(\text{GPS})] + c[\delta t_i - \delta t^j] \tag{1.4.4}$$

为了方便表示，用 ρ 表示卫星到接收站之间的几何距离，δt_i^j 表示接收机时钟和卫星时钟的相对误差。则（1.4.4）可以简化为

$$P = \rho + c\delta t_i^j \tag{1.4.5}$$

再用 δI_i^j 表示电离层引起的距离偏差，用 δT_i^j 表示此刻对流层引起的距离偏差，这个是随着用户高程及气象的不同而变化的，所以，最后的伪距方程可以写成：

$$P = \rho + c\delta t_i^j + \delta I_i^j + \delta T_i^j \tag{1.4.6}$$

上式表示的是卫星在轨道位置和用户位置的函数。如果用已知第 j 颗卫星，则测得的伪距可以写成：

$$P^j = \{[X^j(t) - X_u(t)]^2 + [Y^j(t) - Y_u(t)]^2 + [Z^j(t) - Z_u(t)]^2\}^{\frac{1}{2}} \\ + c\delta t_i^j + \delta I_i^j + \delta T_i^j \tag{1.4.7}$$

其中，$X^j(t)$、$Y^j(t)$、$Z^j(t)$ 是 t 时刻卫星 j 的三维地心坐标，$X_u(t)$、$Y_u(t)$、$Z_u(t)$ 是测站的三维地心坐标。显然这个方程是非线性的，计算起来费时且麻烦。因此需要把它化成便于计算机解算的形式，即对其进行线性化。设 X_i、Y_i、Z_i 为测站三维地心坐标的近似值，δX_i、δY_i、δZ_i 为测站坐标的改正值，且导航电文所提供的卫星瞬时坐标为固定值，则有

$$\rho = \rho_0 + \left(\frac{\partial\rho}{\partial X_i}\right)_0 \partial X_i + \left(\frac{\partial\rho}{\partial Y_i}\right)_0 \partial Y_i + \left(\frac{\partial\rho}{\partial Z_i}\right)_0 \partial Z_i \tag{1.4.8}$$

其中

$$\left(\frac{\partial\rho}{\partial X_i}\right)_0 = \frac{1}{\rho_0}(X^j(t) - X_i) = -l_i^j(t)$$

$$\left(\frac{\partial\rho}{\partial Y_i}\right)_0 = \frac{1}{\rho_0}(Y^j(t) - Y_i) = -m_i^j(t)$$

$$\left(\frac{\partial \rho}{\partial Z}\right)_0 = \frac{1}{\rho_0}(Z^j(t) - Z_i) = -n_i^j(t)$$

所以其几何距离线性化表达式为

$$\rho = \rho_0 - l_i^j(t)\delta X_i - m_i^j(t)\delta Y_i - n_i^j(t)\delta Z_i \tag{1.4.9}$$

而 $\rho_0 = \{[X^j(t) - X_u(t)]^2 + [Y^j(t) - Y_u(t)]^2 + [Z^j(t) - Z_u(t)]^2\}^{\frac{1}{2}}$ 为站星几何距离的近似值，带入式（1.4.6）得到线性化的伪距观测方程：

$$P^j = \rho_0 - l_i^j(t)\delta(X_i) - m_i^j(t)\delta Y_i - n_i^j(t)\delta Z_i + c\delta t_i^j + \delta I_i^j + \delta T_i^j \tag{1.4.10}$$

二、测相伪距

测相伪距与测码伪距之间的差异在于伪距的获取方式不同，测码伪距是由码相位观测到的伪距，而测相伪距是由载波相位观测到的伪距。载波相位观测量是接收机和卫星位置的函数，得到了它们之间的关系才能从中解算出接收机的位置。

设在 GPS 标准时刻 t_i(GPS)，卫星时钟钟面时刻 t_i 的卫星 S^j 发射的载波信号的相位为 $\varphi^j(t^j)$，在接收机钟面时间 t_i 收到信号后产生的基准信号相位为 $\varphi_i(t_i)$。应该顾及载波相位差的整周数 N_i^j，此时载波相位的观测量为

$$\Phi = \varphi_i(t_i) - \varphi^j(t^j) - N_i^j \tag{1.4.11}$$

对于卫星钟和接收机钟，其振荡频率一般稳定良好，所以其信号的相位与频率的关系可表示为

$$\varphi(t + \Delta t) = \varphi(t) + f\Delta t \tag{1.4.12}$$

其中，f 为信号频率；Δt 为微小时间间隔；φ 以 2π 为单位。

由于卫星钟面与接收机的标准时间存在着差异，因此有

$$t^j = t^j(\text{GPS}) + \delta t^j \tag{1.4.13}$$

$$t_i = t_i(\text{GPS}) + \delta t_i \tag{1.4.14}$$

t^j（GPS）和 t_i（GPS）表示与钟面 t^j、t_i 相应的标准 GPS 时间，δt^j、δt_i 表示接收机与卫星钟的钟差改正数，则

$$\Delta t = t_i - t^j = t_i(\text{GPS}) - t^j(\text{GPS}) + \delta t_i - \delta t^j = \Delta \tau + \delta t_i - \delta t^j$$

假设，f^j 为 j 卫星发射的载波频率，f_1 为接收机本振荡产生的固定参考，则有

$$f^j = f_1 = f \tag{1.4.15}$$

所以相位观测量又可以写为

$$\Phi = f\Delta \tau + f\delta t_i - f\delta t_i - f\delta t^j - N_i^j \tag{1.4.16}$$

考虑到 $\Delta\tau = \dfrac{\rho}{c}$，同时电离层和对流层对信号传播延迟 $\Delta\tau$ 的影响，最终 $\Delta\tau$ 可以用下式表示：

$$\Delta\tau = \frac{1}{c}(\rho + \delta I_i^j + \delta T_i^j) \qquad (1.4.17)$$

式中，c 为电磁波传播速度；ρ 为卫星到接收机之间的几何距离。所以载波相位测量的观测方程可写成：

$$\Phi = \frac{f}{c}(\rho + \delta I_i^j + \delta T_i^j) + f\delta t_i - f\delta t^j - N_i^j \qquad (1.4.18)$$

将公式（1.4.15）两边同时乘以 $\dfrac{c}{f}$，即可以得到

$$P = \rho + \delta I_i^j + \delta T_i^j + c\delta t_i - c\delta t^j - N_i^j \qquad (1.4.19)$$

三、整周未知数的确定、周跳探测与恢复

1. 整周未知数 N_0 确定

当以载波相位进行精确定位时，连续跟踪某颗卫星 j 的所有载波相位的观测值中，均含有相同的整周未知数 N_0，准确确定 N_0 是高精度定位的关键。因此，确定 N_0 是载波相位测量中一项重要的工作。常用的方法主要有以下几种：

（1）整周未知数的平差待定参数法——经典方法。

① 整数解（固定解）。

整周未知数从理论上讲应该是一个整数，但是由于误差的存在，平差求得的整周未知数往往不是一个整数，而是一个实数。所以一般短基线定位时一般采用这种方法。具体步骤是：首先根据卫星位置和修复周跳后的观测值进行平差计算，得到基线向量和整周未知数；然后将整周未知数取为整数，如果此刻整周未知数的整数候选值不止一个，则应将所有的候选值构成不同的组合，并重新进行平差计算；最后取能使基线解方差最小的那组整数作为整周未知数。

② 实数解（浮动解）。

当基线较长时，误差的相关性将降低，如卫星星历、大气折射等误差的影响将消除的不够完善，所以不论是基线向量还是整周未知数，均精度较低。因此对于 20 km 以上的长基线通常不再考虑整周未知数的整数性质，直接将实数解作为整周未知数的解。由实数整周未知数获得的基线解也称为浮动解。

（2）伪距法。

伪距法是在进行载波相位测量的同时又进行了伪距测量，将伪距观测值减去载波相位的

实际观测值后可以得到 $\lambda \cdot N_0$。但是由于伪距测量的精度比较低，使多次观测 $\lambda \cdot N_0$ 的平均值才能勉强得到正确的整周未知数。

（3）三差法（多普勒法）。

根据载波相位的观测值的线性组合可知，连续跟踪载波相位观测值中均含有相同的整周未知数 N_0，所以将相邻两个观测历元的载波相位求差直接将该未知的参数消去，从而解算出坐标参数，这种方法称为三差法。同时由于三差法利用了连续跟踪卫星的两个历元间的相位差等于多普勒积分值这一特性，所以此方法又称为多普勒法。同时由于的两个历元的观测值之差，这会受到接收机时钟和卫星钟的误差，所以精度不高。

（4）交换接收天线法。

观测之前，在待定点附近 5～10 m 处选择一个天线交换点，将两台接收机天线分别安置在这两点，同步观测若干个历元后，相互交换天线，并继续感测若干个历元，最后再把这两个天线恢复到原来的位置。此时以这两点之间的基线向量为起始基线向量，利用天线交换前后的同步观测量，求解基线向量，进而确定整周未知数。

2. 周跳的探测与恢复

GPS 载波相位测量，只能测量载波滞后相位 1 周以内的小数部分，而载波滞后的整周数 N_0 是当接收机捕获卫星信号后，只要跟踪不中断，接收机便会给出在跟踪期间载波相位整数周的变化。但在实际中，卫星信号如果被障碍物暂时遮挡、外界干扰因素影响或者由于仪器线路的瞬间故障，经常引起卫星跟踪信号的暂时中断，从而导致接收机整周计数中断，这种现象称为整周跳变，简称周跳。当接收机恢复对该卫星的跟踪后，所测相位的小数部分不受跟踪中断的影响，仍然是连续的，但是整周计数由于失去了在连锁期间载波相位变化的整周数，不再连续，使其后的相位观测值，均含有同样的整周误差。因此周跳对于测量成果的精度有显著的影响，需在数据预处理阶段探测出周跳发生的位置，并对其进行修正。下面介绍几种常用的探测和修复周跳的方法。

（1）屏幕扫描法。

如果卫星的相位观测值出现了周跳，则相位观测值的变化率将不再连续。凡曲线出现不规则的变化时，就意味着相应的观测值中出现了整周跳变。此方法主要应用在早期 GPS 相位测量数据处理中，主要靠作业人员在计算机屏幕前依据变化率的图像进行逐段检查，观察其变化率是否连续。但此法也存在费时且只能发现大周跳的缺点。

（2）高次差或多项式拟合法。

此方法是利用在没有周跳的情况下，载波相位的变化随卫星接收机平缓而有规律的变化，如果有周跳存在将破坏这一规律。如果在相邻的两个观测值间依次求差而求得观测值的一次差，这一次差的变化就小得多，在此基础上再求二次差、三次差、四次差，其变化就小得更多了。一般而言，当相位观测值之间求 4～5 次差时，距离变化对整周数的影响已趋近于零，这时候的差值主要是接收机振荡器的随机误差引起的，具有随机的特性（见表 1.4.1）。

表 1.4.1　相位观测值高次差

观测历元	$\Phi_k^j(t)$	一次差	二次差	三次差	四次差
t_1	475 833.225 1				
		11 608.753 3			
t_2	487 441.978 4		399.813 8		
		12 008.567 1		2.507 4	
t_3	499 450.545 5		402.321 2		−0.579 7
		12 410.888 3		1.927 7	
t_4	511 861.433 8		404.248 9		0.963 9
		12 815.137 2		2.891 6	
t_5	524 676.571 0		407.140 5		−0.272 1
		13 222.277 7		2.619 5	
t_6	537 898.848 7		409.760 0		−0.429 1
		13 632.037 7		2.197 6	
t_7	551 530.886 4		411.957 6		
		14 043.995 3			
t_8	565 574.881 7				

表 1.4.2　含有周跳的相位观测值高次差

观测历元	$\Phi_k^j(t)$	一次差	二次差	三次差	四次差
t_1	475 833.225 1				
		11 608.7533			
t_2	487 441.978 4		399.813 8		
		12 008.567 1		2.507 4	
t_3	499 450.545 5		402.321 2		−100.579 7
		12 410.888 3		−98.072 3	
t_4	511 861.433 8		304.248 9		300.963 9
		12 715.137 2		202.891 6	
t_5	524 576.571 0		507.140 5		−300.272 1
		13 222.277 7		−97.380 5	
t_6	537 798.848 7		409.760 0		99.578 1
		13 632.037 7		2.197 6	
t_7	551 430.886 4		411.957 6		
		14 043.995 3			
t_8	565 474.881 7				

如果在观测过程中发生了周跳，首先这个随机性规律会被破坏，其次高次差还具有"误差放大"的现象，此时就能发现有周跳现象的时段如表 1.4.2 所示，历元 t_8 发生了 100 周的周跳使第四次差产生异常。但此方法一般难以探测出只有几周的小周跳。

如果用多项式拟合也可以发现周跳，可以根据若干个相位的观测值拟合一个 n 阶多项式，根据此多项式来预估下一个观测值并与实际值比较，从而发现周跳并修复。

（3）卫星间求差法。

由于每颗卫星的载波相位观测值收到的接收机振荡器的随机误差的影响相同，所以在卫星间求差就可以消除接收机振荡器的随机误差引起的周跳误差。

某历元时刻接收机 k 对卫星 m 的相位观测量：

$$\Phi_k^m = \varphi_k - \varphi_k^m + N_k^m \qquad (1.4.20)$$

某历元时刻接收机 k 对卫星 n 的相位观测量：

$$\Phi_k^n = \varphi_k - \varphi_k^n + N_k^n \qquad (1.4.21)$$

则 $\Phi_k^m - \Phi_k^n = \varphi_k - \varphi_k^m - \varphi_k + \varphi_k^n$，不存在整周数的影响。

（4）双频观测值修复周跳。

双频 GPS 接收机有两个频率的载波，则双频接收机的两个载波频率的相位观测量为

$$\Phi_1 = \frac{f_1}{c}\rho + f_1\delta t_a - f_1\delta t_b - \frac{f_1}{c}\delta\rho f_1 - \frac{f_1}{c}\delta\rho_1 - N_1 \qquad (1.4.22)$$

$$\Phi_2 = \frac{f_2}{c}\rho + f_2\delta t_a - f_1\delta t_b - \frac{f_2}{c}\delta\rho f_2 - \frac{f_2}{c}\delta\rho_2 - N_2 \qquad (1.4.23)$$

同时考虑到电离层折射改正的影响：$\delta\rho_j = \dfrac{A}{f^2}$，则有

$$\Delta\Phi = \Phi_1 - \frac{f_1}{f_2}\Phi_2 = -N_1 + \frac{f_1}{f_2}N_2 - \frac{A}{cf_1} + \frac{A}{cf_2^2/f_1} \qquad (1.4.24)$$

对双频载波相位观测值进行组合运算，同时考虑电离层折射改正，这样就消去了距离项和钟差项以及对流层的改正项，只剩下整周数之差与电离层折射的残差项且其值很少，所以此方法又称为电离层残差法。

此方法的优点在于 $\Delta\Phi$ 只涉及频率，取决于电离层残差的影响，不用预先知道测站和卫星坐标。其缺点在于，如果两个载波相位观测值中都出现周跳无法使用此方法，而且不能顾及多路径效应和测量噪声的影响。

（5）根据平差后的残差发现和修复周跳。

根据上述方法处理后的观测值中可能还会存在一些未被发现的小周跳，修复后的观测值也可能有偏差。所以对于修复后的观测值再进行平差计算，求得其残差，有周跳的值会出现很大的残差，根据此可以发现和修复。

任务三 载波相位测量

载波相位测量是利用 GPS 接收机所接收的载波信号与接收机振荡器产生的一个频率的相位差来进行距离测量。用 φ_s 表示接收机在某一时刻 t 所接收到的卫星载波信号的相位值，φ_M 表示接收机在某一时刻所产生的本地参考信息的相位值，那么接收机在某一时刻 t 时观测卫星所取得的相位观测量为

$$\rho = \lambda(\varphi_s - \varphi_M) \tag{1.4.25}$$

其中，λ 为载波的波长；φ_s、φ_M 均是从某一起点开始计算的包括整周数在内的载波相位，为方便计算，均以周数为单位。但我们无法测量出卫星上的相位 φ_s。如果接收机的振荡器能产生一个频率与初相和卫星载波信号完全相同的基准信号，问题便迎刃而解，因为任何一个瞬间在接收机处的基准信号的相位就等于卫星处载波信号的相位。因此（$\varphi_s - \varphi_M$）就等于接收机产生的基准信号的相位 $\varphi_k(T_k)$ 和接收到的来自卫星的载波信号相位 $\varphi_k^j(T_k)$ 之差。

通常的载波相位测量只是计算一周以内的相位值。在实际的测量过程中，所测得的相位差还应该包括整周部分 N_K^j。所以其相位差观测量：

$$\varphi_K^j(T_K) = N_K^j + \varphi_K^j(T_K) - \varphi_k(T_K) \tag{1.4.26}$$

在实际中，载波信号是一单纯的正弦波，不带任何标志，所以无法确定正在量测的是第几个整周的不足一周部分，于是就出现了整周模糊度。接收机继续跟踪卫星信号后，利用整波计数器记录从 t_0 到 t_i 时间内的整周数变化量，只要卫星信号从接收开始没有中断，则整周数为一常数，这样，任一时刻卫星接收机的相位差为

$$\varphi_K^j(t_i) = N_K^j + \text{INT}(\varphi_i) + \varphi_K^j(t_i) - \varphi_k(t_i) \tag{1.4.27}$$

载波相位观测量图如图 1.4.1 所示。

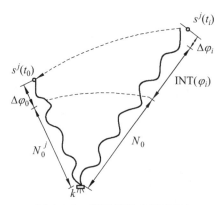

图 1.4.1 载波相位观测量图

如果卫星信号中断，则将丢失 $\text{INT}(\varphi_i)$ 中的一部分整周数，称其为整周跳变，简称周跳。产生周跳的原因是卫星信号失锁，如卫星信号被障碍物遮挡而中断，或者受到其他信号的干扰等，这些都会使计数器的整周数发生错误。由于载波相位观测量为瞬时值，因此对不足一周的部分是没有影响。

任务四　GPS 绝对定位

一、绝对定位原理

绝对定位是以地球质心为参考点，用户用一台 GPS 接收机，一般使用 GPS 信号中的 C/A 码或 P 码作为测距信号，测得用户至 GPS 卫星的距离，从而解算出待定点在协议地球坐标系中的绝对位置。由于定位只需要一台接收机，具有速度快、灵活方便且无多值性问题等优点，故广泛应用与低精度的测量和导航中。绝对定位包括静态绝对定位和动态绝对定位。

二、静态绝对定位

静态绝对定位是在接收机处于静止状态下，确定测站的三维地心坐标。所依据的观测量是根据码相关测距原理测定的卫星至测站间的伪距，从而解算出其三维地心坐标。

1. 伪距法绝对定位解算

根据任务二中学习过的伪距观测方程（1.4.7），其中不仅含有一个测站 T_i 的三个未知的三维地心坐标 δX_i、δY_i、δZ_i，还有一个钟差未知数 δt_i^j，因此需要同步观测四颗卫星，才能组成四个伪距方程，从而解算出测站 T_i 的三维地心坐标，如图 1.4.2 所示。

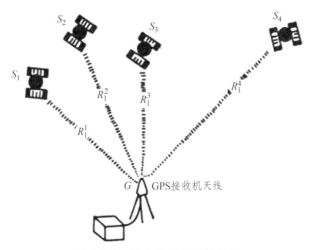

图 1.4.2　静态绝对定位示意图

假如现在电离层和对流层延迟等效距离误差已经通过适当的模型推出，即现目前已经

知道了 δI_i^j 和 δT_i^j，则可将公式（1.4.10）进行变形，可令

$$R^j = P^j - \delta I_i^j - \delta T_i^j \tag{1.4.28}$$

$$c\delta t_i^j = \delta \rho_i \tag{1.4.29}$$

则伪距方程可以改写成

$$R^j = \rho_i^j - l_i^j(t)\delta X_i - m_i^j(t)\delta Y_i - n_i^j(t)\delta Z_i + \delta \rho_i \tag{1.4.30}$$

式中，$j = 1$，2，3，4。将方程化成矩阵的形式如下：

$$\begin{bmatrix} l_i^1 & m_i^1 & n_i^1 & -1 \\ l_i^2 & m_i^2 & n_i^2 & -1 \\ l_i^3 & m_i^3 & n_i^3 & -1 \\ l_i^4 & m_i^4 & n_i^4 & -1 \end{bmatrix} \begin{bmatrix} \delta X_i \\ \delta Y_i \\ \delta Z_i \\ \delta \rho_i \end{bmatrix} = \begin{bmatrix} \rho_{i0}^1 - R^1 \\ \rho_{i0}^2 - R^2 \\ \rho_{i0}^3 - R^3 \\ \rho_{i0}^4 - R^4 \end{bmatrix}$$

令 $A_i = \begin{bmatrix} l_i^1 & m_i^1 & n_i^1 & -1 \\ l_i^2 & m_i^2 & n_i^2 & -1 \\ l_i^3 & m_i^3 & n_i^3 & -1 \\ l_i^4 & m_i^4 & n_i^4 & -1 \end{bmatrix}$，$\delta_X = \begin{bmatrix} \delta X_i \\ \delta Y_i \\ \delta Z_i \\ \delta \rho_i \end{bmatrix}$，$L_i = \begin{bmatrix} \rho_{i0}^1 - R^1 \\ \rho_{i0}^2 - R^2 \\ \rho_{i0}^3 - R^3 \\ \rho_{i0}^4 - R^4 \end{bmatrix}$

则可将其简化为

$$A_i \delta_X = L_i \tag{1.4.31}$$

由伪距法绝对定位解可以表示为

$$\delta_X = L_i A_i^{-1} \tag{1.4.32}$$

当同步观测的卫星多于 4 颗时，则应可用最小二乘法求解，其组成误差方程式为

$$V_i = A_i \delta_X - L_i \tag{1.4.33}$$

按最小二乘法解算得到

$$\delta_X = (A_i^{\mathrm{T}} A_i)^{-1} A_i^{\mathrm{T}} L_i \tag{1.4.34}$$

其中反映定位精度的权系数矩阵为

$$\boldsymbol{Q}_X = (A_i^{\mathrm{T}} A_i)^{-1} \tag{1.4.35}$$

参数向量各个分量的中误差：

$$M_X = \sigma_0 \sqrt{q_{ii}} \tag{1.4.36}$$

式中，σ_0 为伪距测量的中误差；q_{ii} 为矩阵 $\boldsymbol{Q}_X$ 主对角线的相应元素。

如果观测的时间较长，接收机钟差的变化是不能忽略的。这时可将钟差表示成多项式的形式，把多项式的系数作为未知数在平差中求解。也可以对不同观测历元引入独立的钟差参数，在平差中求解。

2. 载波相位观测值静态绝对定位

在应用载波相位观测值进行静态绝对定位时，需要在观测值中加入电离层、对流层等各项改正，探测出周跳并修复，以提高定位的精度。整周未知数解算后，不再为整数的可将其调整为整数，解算出观测站坐标称为固定解，否则称为实数解。

三、动态绝对定位

GPS 动态绝对定位原理与静态绝对定位原理相似，只是在 GPS 动态绝对定位中，需要确定运动载体上的接收机天线相位中心的瞬间位置。由于接收机天线是处于运动的状态，故其天线相位中心坐标值是一个不断变化的量，因此确定每一瞬间坐标的观测方程只有较少的多余观测。其主要方法有测码伪距和测相伪距的动态绝对定位法。一般选用的是 C/A 码作为观测量，因此其定位精度较低，一般为十几米到几十米，所以此种方法只是用于精度要求不高的车辆运动载体的导航。

1. 测码伪距动态绝对定位法

如果仅观测四颗卫星，无多余观测量，解算是唯一的。但是如果同步观测的卫星数多于四颗，则需要用最小二乘法平差求解。

如果历元 t 观测站至所测卫星之间的伪距已经经过了卫星时钟差改正则有

$$P^j = \rho_i^j + c\delta t_i + \delta I_i^j + \delta T_i^j \tag{1.4.37}$$

取 $R^j = P^j - \delta I_i^j - \delta T_i^j$，则测码伪距观测方程可写为

$$R^j = \rho_i^j + c\delta t_i \tag{1.4.38}$$

将其线性化以后为 $R^j = \rho_{i0}^j - l_i^j(t)\delta X_i - m_i^j(t)\delta Y_i - n_i^j(t)\delta Z_i + c\delta t_i$ \tag{1.4.39}

为了确定观测站坐标和接收机钟差，至少需要四个伪距观测量。假设任一历元 t 由观测值 T_i 同步观测四颗卫星分别为 $j = 1$，2，3，4，则有四个伪距方程：

$$\left.\begin{array}{l} R^1 = \rho_{i0}^1 - l_i^1(t)\delta X_i - m_i^1(t)\delta Y_i - n_i^1(t)\delta Z_i + c\delta t_i \\ R^2 = \rho_{i0}^2 - l_i^2(t)\delta X_i - m_i^2(t)\delta Y_i - n_i^2(t)\delta Z_i + c\delta t_i \\ R^3 = \rho_{i0}^3 - l_i^3(t)\delta X_i - m_i^3(t)\delta Y_i - n_i^3(t)\delta Z_i + c\delta t_i \\ R^4 = \rho_{i0}^4 - l_i^4(t)\delta X_i - m_i^4(t)\delta Y_i - n_i^4(t)\delta Z_i + c\delta t_i \end{array}\right\} \tag{1.4.40}$$

当卫星数多于 4 颗的时候，可列出方程组，按照最小二乘法求解出点位的三维地心坐标。求得四颗卫星的坐标如下：

$$\begin{bmatrix} V_i^1 \\ V_i^2 \\ V_i^3 \\ V_i^4 \end{bmatrix} = -\begin{bmatrix} l_i^1 & m_i^1 & n_i^1 & -1 \\ l_i^2 & m_i^2 & n_i^2 & -1 \\ l_i^3 & m_i^3 & n_i^3 & -1 \\ l_i^4 & m_i^4 & n_i^4 & -1 \end{bmatrix}\begin{bmatrix} \delta X_i \\ \delta Y_i \\ \delta Z_i \\ \delta\rho_i \end{bmatrix} + \begin{bmatrix} \rho_{i0}^1 - R^1 \\ \rho_{i0}^2 - R^2 \\ \rho_{i0}^3 - R^3 \\ \rho_{i0}^4 - R^4 \end{bmatrix} \tag{1.4.41}$$

用矩阵的符号表示为

$$V_i = A_i \delta_X + L_i \tag{1.4.42}$$

用最小二乘法可得

$$\delta_X = -(A_i^{\mathrm{T}} A_i)^{-1} A_i^{\mathrm{T}} L_i \tag{1.4.43}$$

由此可求得待定点的坐标

$$\begin{bmatrix} X_i \\ Y_i \\ Z_i \end{bmatrix} = \begin{bmatrix} X_{i0} \\ Y_{i0} \\ Z_{i0} \end{bmatrix} + \begin{bmatrix} \delta X_i \\ \delta Y_i \\ \delta Z_i \end{bmatrix} \tag{1.4.44}$$

（X_{i0}，Y_{i0}，Z_{i0}）为待定点的初始坐标，在动态定位中，一般可将前一时刻的点位坐标作为当前时刻点位的初始坐标，因此，关键在于保证第一个点位坐标的精确值，才能为后续点位的解算提供初始坐标值。由于该点的初始值难以精确地获得，所以需要多次迭代方可获得满意的结果。

2. 测相伪距动态绝对定位法

载波相位观测方程比测距码观测方程多了一个整周未知数，所以利用测相伪距进行动态定位一般无法实时求解，想要获得动态实时解的关键在于能否预先或者在运动中可靠地确定载波相位观测值的整周未知数。而且载体在运动的过程中，要始终保持对所测卫星的连续跟踪，目前在技术上有一定的困难，同时加之目前动态解算整周未知数的方法，在应用上也有局限性，所以在实时动态定位中目前主要采用的是测码伪距的方法。

四、绝对定位精度评价

利用 GPS 进行绝对定位时，定位精度主要取决于两个因素：所测卫星在空间的几何分布，通常称为卫星分布的几何图形；另外一个因素是观测量的精度。

1. 绝对定位精度的评价

当以测码伪距为观测量，进行动态绝对定位时，其权系数阵可表示为 $\boldsymbol{Q}_X = (A_i^{\mathrm{T}} A_i)^{-1}$，可一般的表示为

$$\boldsymbol{Q}_X = \begin{bmatrix} q_{11} & q_{12} & q_{13} & q_{14} \\ q_{21} & q_{22} & q_{23} & q_{24} \\ q_{31} & q_{32} & q_{33} & q_{34} \\ q_{41} & q_{42} & q_{43} & q_{44} \end{bmatrix} \tag{1.4.45}$$

其中，元素 q_{ij} 表达了全部解的精度及其相关信息，是评价定位结果的依据。上述权系数阵一般是在空间直角坐标系中给出的，而实际为了估算观测站的位置精度，常采用其在大地坐标系中的表达式。假设在大地坐标系中的相应坐标权系数阵为

$$\boldsymbol{Q}_B = \begin{bmatrix} g_{11} & g_{12} & g_{13} \\ g_{21} & g_{22} & g_{23} \\ g_{31} & g_{42} & g_{33} \end{bmatrix} \quad\quad\quad （1.4.46）$$

根据方程与协方差传播定律：$\boldsymbol{Q}_B = \boldsymbol{H}\boldsymbol{Q}_X\boldsymbol{H}^{\mathrm{T}}$

式中，$\boldsymbol{H} = \begin{bmatrix} -\sin B\cos L & -\sin B\sin L & \cos B \\ -\sin L & \cos L & 0 \\ \cos B\cos L & \cos B\sin L & \sin B \end{bmatrix}$，$\boldsymbol{Q}_B = \begin{bmatrix} q_{11} & q_{12} & q_{13} \\ q_{21} & q_{22} & q_{23} \\ q_{31} & q_{32} & q_{33} \end{bmatrix}$

为了评价 GPS 定位结果，一般采用有关精度因子 DOP（dilution of precision）的概念，并以此作为衡量卫星空间几何分布对定位精度影响的标准。由权系数阵（1.4.42）中主对角线元素定义精度因子 DOP 后，则相应的精度表示为

$$M_X = \mathrm{DOP} \cdot \sigma_0 \quad\quad\quad （1.4.47）$$

式中，σ_0 为伪距测量的中误差。在实践中，根据不同要求，可选用不同的精度评价模型和相应的精度因子。通常有：

（1）平面位置精度因子 HDOP（Horizontal DOP）：

$$\mathrm{HDOP} = \sqrt{q_{11} + q_{12}} \quad\quad\quad （1.4.48）$$

相应的中误差为 $M_{\mathrm{H}} = \mathrm{HDOP} \cdot \sigma_0$ \quad\quad\quad （1.4.49）

（2）高程精度因子 VDOP（Vertical DOP）：

$$\mathrm{VDOP} = \sqrt{q_{33}} \quad\quad\quad （1.4.50）$$

相应的中误差为

$$M_{\mathrm{V}} = \mathrm{VDOP} \cdot \sigma_0 \quad\quad\quad （1.4.51）$$

（3）空间三维位置精度因子 PHOP（Position DOP）：

$$\mathrm{PDOP} = \sqrt{q_{11} + q_{22} + q_{33}} \quad\quad\quad （1.4.52）$$

相应的中误差为

$$M_{\mathrm{P}} = \mathrm{TDOP} \cdot \sigma_0 \quad\quad\quad （1.4.53）$$

（4）接收机钟差精度因子 TDOP（Time DOP）：

$$\mathrm{TDOP} = \sqrt{q_{44}} \quad\quad\quad （1.4.54）$$

相应的中误差为

$$M_{\mathrm{T}} = \mathrm{TDOP} \cdot \sigma_0 \quad\quad\quad （1.4.55）$$

（5）几何精度因子 GDOP（Geometric DOP），是描述空间位置误差和时间误差综合影响

的精度因子：

$$GDOP = \sqrt{q_{11} + q_{22} + q_{33} + q_{44}} = \sqrt{PDOP^2 + TDOP^2} \qquad (1.4.56)$$

相应的中误差为

$$M_G = GDOP \cdot \sigma_0 \qquad (1.4.57)$$

GPS 绝对定位的误差与精度因子 DOP 的大小成正比，在伪距观测精度 σ_0 确定的情况下，使精度因子的值尽可能减小，是提高定位精度的一个重要途径。由于精度因子与所测卫星的空间分布有关，因此也称观测卫星的图形强度因子。因为卫星的运动及选择卫星的不同，所测卫星在空间分布的几何图形是变化的，那么精度因子的数值也是变化的。

假设观测站与四颗卫星构成的六面体体积为 V，经研究表明，精度因子 GDOP 与该六面体体积 V 的倒数成正比，即

$$GDOP \propto 1/V \qquad (1.4.58)$$

一般来说，六面体的体积越大，所测卫星在空间的分布范围也越大，GDOP 值越小；反之，卫星分布范围越小，GDOP 值越大。根据理论分析得到，在观测站到四颗卫星的观测方向中，当任意两方向之间的夹角接近 109.5°时，其六面体体积最大。但是在实际观测中，还存在大气折射的影响，所以实际工作中的选址和评价观测卫星分布图形应该是一颗卫星位于天顶，其余三颗卫星相距 120°时，所构成的六面体的体积接近最大。

任务五　GPS 相对定位

一、相对定位原理

GPS 相对定位是利用两台及两台以上的 GPS 接收机安置在基线处，同步观测相同的 GPS 卫星，以确定两台（多台）接收机天线之间的相对位置或基线向量。在一个端点坐标已知的情况下，可用基线向量推求出另一个待定点的坐标。GPS 相对定位也叫差分 GPS 定位，是目前 GPS 定位中精度最高的一种定位方法，广泛用于大地测量、精密工程测量、地球动力学研究和精密导航。相对定位也有静态相对定位和动态相对定位之分。

二、静态相对定位

所谓静态相对定位，是把接收机固定在基线端点，通过连续观测，取得充分的多余观测数据，改善定位精度。静态相对定位一般均采用载波相位观测值或测相伪距观测值为基本观测量，对于中等长度的基线即 100~500 km，相对定位精度可达到 $10^{-7} \sim 10^{-6}$ 甚至更好。在载波相位观测的数据处理中，为可靠地确定载波相位整周未知数，静态相对定位一般需要较

长的观测时间，一般为 1.0 ~ 1.5 h。同时，理论和实践证明，在载波相位观测中，如果整周未知数已经确定，则相对定位精度不会随观测时间的延长而明显提高。

1. 观测值的线性组合

在两个或多个测站同步观测卫星的情况下，卫星的轨道误差、卫星钟差、接收机钟差以及电离层和对流层的折射误差等对观测量的影响具有一定的相关性，利用这些观测量的不同组合进行相对定位，可有效地消除或减弱相关误差的影响，从而提高相对定位的精度。GPS载波相位观测值可以在卫星间求差，在接收机间求差，也可以在不同历元间求差，各种求差法都是观测值的线性组合。

（1）单差 SD（Single-Difference）。

所谓单差，是指不同观测站，同步观测相同卫星所得到的观测值的一次差即将观测值直接相减，其结果被当做虚拟观测值。

设测站（接收机）T_1、T_2 分别在 t_1、t_2 和时刻（历元）对卫星 p、q 进行了同步观测，则可得载波相位观测量：$\varphi_1^p(t_1)$、$\varphi_1^p(t_2)$、$\varphi_1^q(t_1)$、$\varphi_1^q(t_2)$、$\varphi_2^p(t_1)$、$\varphi_2^p(t_2)$、$\varphi_2^q(t_1)$、$\varphi_2^q(t_2)$。那么，对这些观测量既可以在卫星间求差、测站间求差，也可以在历元（时刻）间求差，则有

$$\text{SD}_{12}^p(t_i) = \Delta\varphi_i^q(t_i) = \varphi_i^q(t_j) - \varphi_i^p(t_j) \qquad (i = 1,2; \ j = 1,2) \qquad (1.4.59)$$

$$\text{SD}_{12}^q(t_i) = \Delta\varphi_i^q(t_i) = \varphi_i^q(t_j) - \varphi_i^p(t_j) \qquad (i = 1,2; \ j = 1,2) \qquad (1.4.60)$$

（2）双差 DD（Double-Difference）。

双差简单地说就是在不同观测站，同步观测相同卫星的单差之差，其所得的结果仍可以被当做虚拟观测值。设在 1、2 测站 t_1 时刻同时观测了 p、q 两个卫星，那么对 p、q 两颗卫星分别有单差模型如上式，则双差符号表示为

$$\text{DD}_{12}^{pq}(t_i) = \text{SD}_{12}^p(t_i) - \text{SD}_{12}^q(t_j)$$

$$= \varphi_i^q(t_j) - \varphi_i^p(t_j) - \varphi_i^q(t_j) + \varphi_i^p(t_j) \qquad (1.4.61)$$

（3）三差 TD（Triple-Difference）。

三差是在二次差基础上继续求差，常用的求三次差是在接收机、卫星和历元之间求三次差，表示为

$$\text{TD}_{12}^{pq}(t_i, t_{i+1}) = \text{DD}_{12}^{pq}(t_{i+1}) - \text{DD}_{12}^{pq}(t_i) \qquad (1.4.62)$$

上述方法能够有效地消除各种偏差项：单差观测值中可以消除与卫星有关的载波相位及其钟差项；双差可以消除与接收机有关的载波相位及其中差项；三差可以消除与卫星和接收机有关的初始整周模糊度项。同时也有减少平差计算中未知数的个数优点。但也存在一些缺点，如平差计算中，差分法将使观测方程数明显减少，尤其是三差模型，会对未知参数的解算产生不利影响，在实际的定位工作中，一般采用双差模型比较合适；原始独立观测量通过求差将引起差分量之间的相关性；为了组合观测量的差分，通常要选择一个参考观测站和一颗参考卫星。如果某一历元，对参考站或参考卫星的观测量无法采用，将使观测量的差分产

生困难。而且如果接收机数量越多，情况越复杂，那将不可避免地损失一些观测数据。

2. 观测方程的线性化及平差模型

（1）单差观测方程的误差方程式模型。

根据上述的单差方程，如果在 t_1 时刻在测站 T_1 和 T_2 同时对卫星 p 进行了载波相位测量，由式（1.4.18）可得观测方程

$$\varphi_1^p(t_1) = \frac{f}{c}[\rho_1^p(t_1) + \delta I_1^p(t_1) + \delta T_1^p(t_1)] + f\delta t_1 - f\delta t^p - N_1^p(t_0)$$

$$\varphi_2^p(t_1) = \frac{f}{c}[\rho_1^p(t_1) + \delta I_1^p(t_1) + \delta T_2^p(t_1)] + f\delta t_2 - f\delta t^p - N_2^p(t_0)$$

将上两式代入单差公式，可得

$$\Delta\varphi_{12}^q(t_1) = \varphi_2^p(t_1) - \varphi_1^p(t_1)$$

$$= \frac{f}{c}[\rho_2^p(t_1) - \rho_1^p(t_1)] + \frac{f}{c}[\delta I_2^p(t_1) - \delta I_1^p(t_1)] + \frac{f}{c}[\delta T_2^p(t_1) - \delta T_1^p(t_1)] +$$

$$f[\delta t_2 - \delta t_1] - f[\delta t^p - \delta t^p] - [N_2^p(t_0) - N_1^p(t_0)] \qquad (1.4.63)$$

设：$\rho_{12}^p = \rho_2^p(t_1) - \rho_1^p(t_1), \delta I_{12}^p = \delta I_{12}^p - \delta I_1^p, \delta T_{12}^p = \delta T_2^p - \delta T_1^p, \delta t_{12} = \delta t_2 - \delta t_1, N_{12}^p = N_2^p(t_0) - N_1^p(t_0)$，则可得单差虚拟观测方程

$$\Delta\varphi_{12}^q(t_1) = \frac{f}{c}\rho_{12}^p(t_1) + \frac{f}{c}\delta I_{12}^p + \frac{f}{c}\delta T_{12}^p + f\delta t_{12} - N_{12}^p(t_0) \qquad (1.4.64)$$

由式（1.4.64）可知，卫星钟差影响已经消除。当两测站相距不远即 20 km 以内时，对于对流层和电离层折射的影响具有很强的相关性，故在测站间求一次差可消除大气折射误差。

根据讨论可知道，测站间求单差的虚拟观测模型具有以下优点：

① 消除了卫星钟误差的影响。

② 大大削弱了卫星星历误差的影响。

③ 大大削弱了对流层折射和电离层折射误差的影响，在短距离内几乎可以完全消除其影响。

若在 n_i 个测站间求单差，则通常以某点为已知参考点，在两个测站的观测中，测站 1 作为已知参考点，坐标已知，测站 2 为待定点，应用公式可得到**单差观测方程的线性化形式**：

$$\Delta\varphi_{12}^q(t_1) = -\frac{f}{c}[k_2^p(t_1)l_2^p(t_1)m_2^p(t_1)]\begin{bmatrix} \delta X_2 \\ \delta Y_2 \\ \delta Z_2 \end{bmatrix} +$$

$$f\delta t_{12} - N_{12}^p(t_0) + \frac{f}{c}[\rho_2^p(t_1) - \rho_1^p(t_1)] \qquad (1.4.65)$$

式中，$\rho_1^p(t_1)$ 为 t_1 时刻测站 1 至卫星 p 的距离。

对于单差观测方程可写出相应的**单差观测误差方程**：

$$\Delta\varphi_{12}^{q}(t_1) = -\frac{f}{c}[k_2^p(t_1)l_2^p(t_1)m_2^p(t_1)]\begin{bmatrix}\delta X_2\\\delta Y_2\\\delta Z_2\end{bmatrix}+$$

$$f\delta t_{12} - \lambda N_{12}^p(t_0) + \Delta L_{12}^p(t_1) \qquad\text{（1.4.66）}$$

式中 $\qquad \Delta L_{12}^p(t_1) = \frac{f}{c}[\rho_2^p(t_1))_0 - \rho_1^p(t_1)] - \Delta\varphi_{12}^p(t_1)$

如果两测站同步观测 n^p 个卫星，则可列出 n^p 各误差方程；若进一步观测该组卫星的历元数 n_t，同理可以列出 n_t 组误差方程组，然后按照最小二乘法进行求解观测方程，求出未知参数。

（2）双差观测方程的误差方程式模型。

根据单差虚拟观测方程，如果忽略大气折射残差的影响，可得双差虚拟观测方程：

$$\Delta\varphi_{12}^{pq}(t_1) = \Delta\varphi_{12}^q(t_1) - \Delta\varphi_{12}^p(t_1)$$

$$= \frac{f}{c}[\rho_{12}^q(t_1) - \rho_{12}^p(t_1)] + f[\delta t_{12} - \delta t_{12}] + [N_{12}^q(t_0) - N_{12}^p(t_0)]$$

$$= \frac{f}{c}\rho_{12}^{pq}(t_1) + N_{12}^{pq}(t_0) \qquad\text{（1.4.67）}$$

由式（1.4.67）可以看出，双差观测方程在 t_1 时刻均含有相同的接收机时钟差 δt_{12}，因此，在卫星间求差后，不再存在时钟差。也就是说在双差模型中可以消除时钟差影响。

将线性化公式带入上式，可得**线性化后的双差模型**：

$$\Delta\varphi_{12}^{pq}(t_1) = -\frac{f}{c}[\Delta k_{12}^{pq}(t_1)\Delta l_{12}^{pq}(t_1)\Delta m_{12}^{pq}(t_1)]\begin{bmatrix}\delta X_2\\\delta Y_2\\\delta Z_2\end{bmatrix}-$$

$$N_{12}^{pq}(t_0) + \frac{f}{c}[((\rho_2^q)(t_1))_0 - \rho_1^q(t_1) - (\rho_2^p)(t_1))_0 + \rho_1^p(t_1)] \qquad\text{（1.4.68）}$$

设 $\Delta L_{12}^{pq}(t_1) = -\frac{f}{c}[((\rho_2^q(t_1))_0 - (\rho_1^p(t_1) - \rho_2^p(t_1))_0 + \rho_1^p(t_1)] - \Delta\varphi_{12}^{pq}(t_1)$，则有**双差观测值的误差方程式为**

$$\Delta V_{12}^{pq}(t_1) = -\frac{f}{c}[\Delta k_{12}^{pq}(t_1)\Delta l_{12}^{pq}(t_1)\Delta m_{12}^{pq}(t_1)]\begin{bmatrix}\delta X_2\\\delta Y_2\\\delta Z_2\end{bmatrix}-$$

$$N_{12}^{pq}(t_0) + \Delta L_{12}^{pq}(t_1) \qquad\text{（1.4.69）}$$

如果两个观测站同步观测了 n^p 个卫星，则可得到（$n^p - 1$）个误差方程组；如果两个测站同步观测了 n^p 组卫星 n_t 个历元，同样会有相应的误差方程，然后解方程，求出未知参数。

（3）三差观测方程的误差方程式模型。

同样，我们按上面假设测站 T_1、T_2 分别在 t_1、t_2 历元同时观测了 p、q 卫星，则根据公式得双差观测方程：

$$\Delta\varphi_{12}^{pq}(t_1) = \frac{f}{c}\rho_{12}^{pq}(t_1) + N_{12}^{pq}(t_0)$$

$$\Delta\varphi_{12}^{pq}(t_2) = \frac{f}{c}\rho_{12}^{pq}(t_2) + N_{12}^{pq}(t_0)$$

则三次差

$$\Delta\varphi_{12}^{pq}(t_1, t_2) = \frac{f}{c}\left(\rho_{12}^{pq}(t_2) - \rho_{12}^{pq}(t_1)\right) + N_{12}^{pq}(t_0) - N_{12}^{pq}(t_0)$$

$$= \frac{f}{c}\rho\frac{pq}{12}(t_1 t_2) \tag{1.4.70}$$

由于整周未知数 $N_{12}^{pq}(t_0)$ 与观测历元没有关系，因此在相减时被消去。由此可见，三差观测方程中不含有整周未知数。

对三差模型公式进行线性化，则有

$$\Delta\varphi_{12}^{pq}(t_1, t_2) = -\frac{f}{c}[\Delta k_{12}^{pq}(t_1,t_2)\Delta l_{12}^{pq}(t_1,t_2)\Delta m_{12}^{pq}(t_1,t_2)]\begin{bmatrix}\delta X_2\\ \delta Y_2\\ \delta Z_2\end{bmatrix} + \frac{f}{c}$$

$$\{[\rho_2^q(t_2)]_0 - \rho_1^q(t_2) - [\rho_2^p(t_2)]_0 + \rho_1^p(t_2) -$$
$$[\rho_2^q(t_1)]_0 + \rho_1^q(t_1) + [\rho_2^p(t_1)]_0 - \rho_1^p(t_1)\}$$

$$= -\frac{f}{c}[\Delta k_{12}^{pq}(t_1,t_2)\Delta l_{12}^{pq}(t_1,t_2)\Delta m_{12}^{pq}(t_1,t_2)]\begin{bmatrix}\delta X_2\\ \delta Y_2\\ \delta Z_2\end{bmatrix} + \frac{f}{c}[\Delta\rho_{12}^{pq}(t_1,t_2)]_0 \tag{1.4.71}$$

式中，$\Delta k_{12}^{pq}(t_1,t_2) = \Delta k_{12}^{pq}(t_2) - \Delta k_{12}^{pq}(t_1)$，$\Delta l_{12}^{pq}(t_1,t_2) = \Delta l_{12}^{pq}(t_2) - \Delta l_{12}^{pq}(t_1)$，$\Delta m_{12}^{pq}(t_1,t_2) = \Delta m_{12}^{pq}(t_2) - \Delta m_{12}^{pq}(t_1)$。同样我们可以得到**三差相应的误差方程**

$$[\Delta\rho_{12}^{pq}(t_1,t_2)]_0 = [\rho_2^q(t_2)]_0 - \rho_1^q(t_2) - [\rho_2^p(t_2)]_0 + \rho_1^p(t_2) - [\rho_2^q(t_1)]_0 +$$
$$+\Delta L_{12}^{pq}(t_1,t_2) \tag{1.4.72}$$

当同步对 n^p 个卫星进行 n_t 个历元的观测时，用与单差、双差类似的最小二乘法列立法方程可对三差模型进行求解。

三、动态相对定位

动态相对定位是用一台接收机安置在基准站上固定不动，另外一台接收机安置在运动载体上，两台接收机同步观测相同的卫星，以确定运动点相对于基准站的实时位置即确定运动点相应每一观测历元的瞬时未知。动态相对定位根据采用的观测量不同，分为以测码伪距为观测量的动态相对定位和以测相伪距为观测量的动态相对定位。测码伪距动态相对定位，目前精度是米级，以相对定位原理为基础的实时差分 GPS 可有效减弱卫星轨道误差、钟差、大气折射误差以及 SA 政策影响，定位精度远高于测码伪距动态绝对定位。

1. 测码伪距动态相对定位法

测码伪距观测方程的一般形式为

$$P^j - \rho_i^j - l_i^j(t)\delta X_i - m_i^j(t)\delta Y_i - n_i^j(t)\delta Z_i + c\delta t_i^j + \delta I_i^j + \delta T_i^j \qquad (1.4.73)$$

如果将运动点 $T_i(t)$ 与固定点 T_1 的同步测码伪距观测量求差，同时略去大气折射残差的影响，可得到单差模型：

$$\Delta P = \rho_i^j - \rho_1^j + c\delta t(t) \qquad (1.4.74)$$

如果仍以 n_i 和 n_j 表示包括基准站在内的观测站总数和同步观测卫星数，求解的条件仍然要至少四颗卫星。对于双差模型亦是如此：

$$\Delta P = \rho_i^k - \rho_1^k - \rho_i^j + \rho_1^j \qquad (1.4.75)$$

对于利用测码伪距的不同线性组合（单差或双差）进行动态相对定位，与动态绝对定位一样，每一历元至少必须同步观测四颗卫星。

如果要实时地获取动态定位结果，则在基准站和运动站之间，必须建立可靠的实时数据传输系统。根据传输数据性质和数据处理方式，一般可分以下两种：

（1）将基准站上的同步观测数据，实时地传送给运动的接收机，在运动点上根据接收到的数据，按模型进行处理，实时地确定运动点相对于基准站的位置即实时地获取定位结果。但在流动站和基准站之间实时传输的数据量大，对数据传输系统的可靠性要求也较为严格。

（2）根据基准站坐标，计算该基准站至所测卫星的瞬时距离以及与相应的伪距观测值之差，并将差值作为伪距修正量，实时传输给运动的接收机，改正运动接收机相应的同步伪距观测量。该处理方式简单且数据传输量小，目前已普遍应用。

2. 测相伪距动态相对定位法

测相伪距为观测量的动态相对定位存在整周未知数的解算问题，因此在动态相对定位中，目前普遍采用的是测码伪距为观测量的实时定位方法。但是如果在动态观测开始之初，快速解算出整周未知数即进行了初始化工作。在接收机载体运动过程中，保持对所测卫星至少四颗的连续跟踪，则根据运动点和基准站的同步观测量，可精确确定运动点相对基准站的瞬时位置。目前这种方法在较小范围内即小于 20 km 的范围内，定位精度可以达到 1～2 cm。但其缺点在于在观测过程总必须保持对所测卫星的连续跟踪，这在实际的操作中往往比较困难。

如果要实时地获取动态定位的结果，则在基准站和运动站之间，必须建立可靠的实时数据传输系统。

动态相对定位中，根据数据处理方式的不同，分为实时处理和后处理。

（1）实时处理。

数据的实时处理要求在观测过程中实时地获取定位结果，无需存储观测数据。但在流动站和基准站之间必须实时地传输观测数据或观测量的修正数据。这种处理方式对于运动目标的导航、监测和管理具有重要意义。

（2）后处理。

数据的后处理则是要求在观测结束后，通过数据处理而获得定位结果。该处理方式可以对观测数据进行详细分析，易于发现粗差，不需要实时传输数据但需要存储观测数据。这种方式主要应用于基线较长，不需要获得实时定位结果的测量工作。

一般来说，建立和维持一个数据实时传输系统不仅技术复杂，而且花费较大，一般除非必须获得实时定位结果外，均采用的是观测数据后处理方式。

四、差分GPS定位原理

差分定位原理的实质是通过观测值之间的求差，消除公共误差，提高测量结果精度。其工作原理是由基准站发送改正数，用户站接收改正数，并用以对其测量结果进行改正，以获得精确的定位结果。发送改正数的具体内容不一样，其定位精度也不一样。根据其组成系统的基准站个数和性质的不同，可分为单基准站差分、多个基准站差分、网络RTK三种不同的类型。

下面以单基准站差分、多个基准站差分、网络RTK为例，讲解差分定位原理。

1. 单基准站差分

根据基准站所发送的修正数据的类型不同，单基准站差分又可分为位置差分、伪距差分、载波相位差分。

（1）位置差分。

这是一种最简单的差分方法，任何一种GPS接收机均可改装和组成这种差分系统。

安装在基准站上的GPS接收机观测4颗卫星后便可进行三维定位，解算出基准站的坐标。由于存在着轨道误差、时钟误差、SA影响、大气影响、多径效应以及其他误差，解算出的坐标与基准站的已知坐标是不一样的，存在误差。基准站利用数据链将此改正数发送出去，由用户站接收，并且对其解算的用户站坐标进行改正，提高定位精度。

设基准站的精密坐标为 (X_0, Y_0, Z_0)，在基准站上的GPS接收机测出坐标为 (X', Y', Z')，那此刻测得的坐标包含着轨道误差、时钟误差、大气影响、多路径效应及其他误差，则其坐标的改正数为

$$\left.\begin{array}{l} \Delta X = X_0 - X' \\ \Delta Y = Y_0 - Y' \\ \Delta Z = Z_0 - Z' \end{array}\right\} \qquad (1.4.76)$$

用户接收机所得坐标加基准站计算出的坐标改正数就得到用户站的坐标：

$$\left.\begin{array}{l} X_P = X'_P + \Delta X \\ Y_P = Y'_P + \Delta Y \\ Z_P = Z'_P + \Delta Z \end{array}\right\} \qquad (1.4.77)$$

式中，(X'_P, Y'_P, Z'_P) 是用户接收机自身观测计算的坐标。同时考虑到用户接收机位置改正值的瞬时变化，式（1.4.67）可改写为

$$X_P = X'_P + \Delta X + \frac{\mathrm{d}(\Delta X + X'_P)}{\mathrm{d}t}(t - t_0) \left.\right\}$$

$$Y_P = Y'_P + \Delta Y + \frac{\mathrm{d}(\Delta Y + Y'_P)}{\mathrm{d}t}(t - t_0) \qquad (1.4.78)$$

$$Z_P = Z'_P + \Delta Z + \frac{\mathrm{d}(\Delta Z + Z'_P)}{\mathrm{d}t}(t - t_0)$$

式中，t_0 为基站发送改正值的时刻；t 为用户接收的时刻。

位置差分的计算方法简单，只需要在解算的坐标中加进改正数即可。这对 GPS 接收机的要求不高，适用于各种型号的接收机。但是，位置差分要求流动站用户接收机和基准站接收机能同时观测同一组卫星，这些只有在近距离才可以做到，故位置差分只适用于 100 km 以内的观测。

（2）伪距差分。

伪距差分是目前应用最广泛的差分定位技术之一。原理是：在基准站上利用已知坐标求出测站至卫星的距离；然后将其与接收机测定的含有各种误差的伪距进行比较，求出伪距改正数；最后将所有卫星的伪距改正数传输给用户站，用户站利用此伪距改正数改正所测量的伪距，从而求出用户站自身坐标。

设在基准站上观测所有的卫星，根据基准站已知坐标（X_0, Y_0, Z_0）和测出的各卫星地心坐标（X_j, Y_j, Z_j），按下式求出每颗卫星在每一时刻到基准站的真正距离：

$$R^j = \{[X^j - X_0]^2 + [Y^j - Y_0]^2\} + [Z^j - Z_0]^2\}^{\frac{1}{2}} \qquad (1.4.79)$$

基准站接收机计算得伪距的改正数及其变化率为

$$\Delta\rho^j = R^j - \rho_0^j, \quad \mathrm{d}\rho^j = \frac{\Delta\rho^j}{\Delta t} \qquad (1.4.80)$$

用户在测出的伪距上加以改正，求出改正后的伪距：

$$\rho_P^j(t) = \rho^j(t) + \Delta\rho^j + \mathrm{d}\rho^j(t - t_0) \qquad (1.4.81)$$

式中，$\rho^j(t)$ 用户接收机自身观测的结果。可以用下式进行用户接收机坐标计算：

$$\rho_P^j = \{[X^j - X_0]^2 + [Y^j - Y_0]^2 + [Z^j - Z_0]^2\}^{\frac{1}{2}} + c\delta t + V_1 \qquad (1.4.82)$$

式中，δt 为接收机钟差，V_1 为接收机噪声水平。

伪距差分时，只需要基准站提供所有卫星的伪距改正数，而用户接收机观测任意 4 颗卫星就可以完成定位。与位置差分相似，伪距差分能将两测站的公共误差抵消。但是随着用户到基准站距离的增加，系统误差又将增大，这种误差用任何差分法都无法消除，因此伪距差分的基线长度也不宜过长。

位置差分和伪距差分能满足米级定位精度，已经广泛用于导航、水下测量等领域。

（3）载波相位差分。

载波相位法动态差分定位又称为 RTK(Real Time Kinematic) GPS 技术。实时处理两个测站载波相位观测量的差分方法，可以实时提供厘米级精度的三维坐标。

载波相位差分的基本原理是:由基准站通过数据链实时地将其载波相位观测量及基准站坐标信息一同发送到用户站，并与用户站的载波相位观测量进行差分处理，适时地给出用户站的精确坐标。

载波相位差分方法分为两类：修正法和差分法。

修正法是将基准站的载波相位修正值直接发送给用户，改正流动站接收到的载波相位，再求流动站坐标。该方法初始化速度慢、定位精度较差，是准 RTK。

差分法是将基准站采集的载波相位实时发送给流动站,流动站快速求解起始相位整周模糊度，在观测到五颗或者以上的卫星后进行实时差分求解流动站的坐标，称为真正的RTK。

2. 多基准站差分

（1）局部区域差分。

局域差分 GPS 系统是在局部区域中应用差分 GPS 技术,先在该区域中布设一个差分 GPS 网，该网由若干个差分 GPS 基准站组成，还包括一个或者数个监控站。位于该局域 GPS 网中的用户根据多个基准站所提供的修正消息，经平差后求得自己的改正数。这种差分 GPS 定位系统称为局域差分 GPS 系统，简称 LADGPS。

该技术原理是根据主控站和用户站在一定距离内对 GPS 卫星同步同轨观测值之间存在的相关性，使用户站利用主控站提供的 GPS 定位误差的综合改正信息,来提高定位精度。LADGPS 的作用半径比较小,例如通常伪距差分的作用半径不超过 150 km,这时用户站的实时定位精度一般可提高至 ± 3 m ~ 5 m。

（2）广域差分（Wide Area DGPS，WADGPS）。

广域差分技术的基本思想是对 GPS 观测量的误差源加以区分，并对每一个误差源分别加以"模型化"，然后将计算出来的每一个误差源的误差修正值（差分改正值）通过数据通讯链传输给用户，对用户 GPS 接收机的观测值误差加以改正，以达到削弱这些误差源影响，改善用户 GPS 定位精度的目的。它既削弱了 LADGPS 技术中对基准站和用户站之间时空相关性的要求，又保持了 LADGPS 的定位精度。在 WADGPS 系统中，只要数据通信链有足够能力，基准站和用户站间的距离原则上是没有限制的。

WADGPS 系统主要由四部分组成，分别是卫星跟踪站、用户站、主控站和差分信息播发站与数据通信网络组成。

① 卫星跟踪站:

跟踪站的任务是将其原始伪距观测数据、气象数据和当地电离层时间延迟改正等各类数据实时地或准实时地传输至主控站，其中伪距观测数据主要用来计算卫星钟差，一般要求一秒钟一个采样，因而一秒就应传输一组观测数据。为了使主控站能正确算出这三项差分改正，至少需要三个跟踪站，但为了改善计算结果的精度和进行检查，一般 WADGPS 系统中的跟踪站为 4 ~ 6 个。

② 用户站:

WADGPS 系统中的标准用户站应是利用 C/A 码的单频 GPS 接收机。

③ 主控站：

在 WADGPS 系统中最关键的是主控站，它通过数据通信网络接收各跟踪站传输的 GPS 伪距观测值和电离层时间延迟改正值，结合本站相应的 GPS 数据，计算出三类广域差分修正值，即对每一颗 GPS 卫星的星历改正、钟差改正和电离层时间延迟改正等 8 个参数，然后通过数据通信网络将这些差分信息传输给差分信息播发站。

④ 差分信息播发站和数据通信网络：

WADGPS 的数据通信网和 LADGPS（局部差分 GPS）的数据通讯链的主要区别在于多了跟踪站和主控站之间的数据通讯。主控站或播发站的数据传输与播发、数据通讯中的编码器和用户的解码器的功能都和 LADGPS 类似。但由于该系统要求覆盖面广，传输的信息量大，因此 WADGPS 中的跟踪站至主控站的数据传输和播发站向用户站的差分信息传播，常常需选用长波、卫星通讯等。WADGPS 系统中的数据通讯具有数据量大、速度要求快、通讯距离长、覆盖面大的特点，因此，数据通讯网络是 WADGPS 技术中最为复杂、投资最为昂贵的部分。

3. 网络 RTK

（1）网络 RTK 原理。

网络 RTK 也称基准站 RTK，是近年来在常规 RTK 和差分 GPS 的基础上建立起来的一种新技术，目前尚处于试验、发展阶段。

网络 RTK 的基本原理是在一个较大的区域内稀疏地、较均匀地布设多个基准站，构成一个基准站网，那么我们就能借鉴广域差分 GPS 和具有多个基准站的局域差分 GPS 中的基本原理和方法来设法消除或削弱各种系统误差的影响，获得高精度的定位结果。

（2）目前主流的网络 RTK 技术。

① VRS 技术。

VRS（Vistual Referent System）技术，全称为虚拟参考站技术。在 VRS 网络中，各固定参考站不直接向移动用户发送任何改正信息，而是将所有的原始数据通过数据通信线发给控制中心。同时，移动用户在工作前，先通过 GSM 的短信息功能向控制中心发送一个概略坐标。控制中心收到信息后，根据用户位置，由计算机自动选择最佳的一组固定基准站。根据这些站发来的信息，整体地改正 GPS 的轨道误差以及电离层、对流层和大气折射引起的误差。

② MAX/MAC 技术。

主辅站技术（Master Auxiliary Concept，MAC）是由瑞士徕卡测量系统有限公司，基于主辅站概念提出的新一代参考站技术。主辅站技术是基于最新多基准站、多系统、多频和多信号非差分处理算法。它是从参考站网以高度压缩的形式，将所有相关的，代表整周未知数水平的观测数据的差分改正数，作为网络改正数播发给流动站。

③ FKP 技术。

FKP 技术是一种动态模型处理技术。它要求所有参考站将每一个瞬时采集的未差分处理的同步观测值实时传回数据处理中心，通过数据处理中心实时处理产生一个称为 FTK 的空间误差改正参数，然后将这些参数通过扩展信息发送给服务区内所有流动站用户进行空间位置解算。

④ 综合内插技术（CBI）。

综合内插技术特点是用一定的算法通过多个基准站的已知误差直接内插该区域内任何一处流动站的综合误差，称为网络 RTK 综合误差内插法。目前该技术还处在评估阶段，未大规模推广使用。

⑤ 联合单参考站 RTK 技术。

联合单参考站差分解算技术是有限的网络 RTK 技术，其原理与普通 RTK 载波相位差分解算原理完全一样。但是联合单参考站作业时，用户将概略坐标发送到数据处理中心，数据处理中心通过概略坐标选用最近的参考站，并将最近参考站的差分数据发送给用户，即以最近的参考站作为基准站进行载波相位测量。

GPS RTK 有关操作的内容将在项目四做详细的讲解。

本项目小结

本项目主要介绍了 GPS 卫星定位的基本原理与定位方法分类；GPS 定位所依据的伪距观测量；在测码伪距观测量和测相伪距观测量的基础上，讲解了静态和动态定位原理以及相对定位原理和差分定位原理。载波相位测量是利用接收机测定载波相位观测值或其差分观测值，经基线向量解算以获得两个同步观测站之间的基线向量坐标差的技术和方法。GPS 测距码信号包括 C/A 码和 P 码，利用测距码进行伪距测量，其原理是由 GPS 卫星发射的测距码信号到达 GPS 接收机的传播时间乘以光速所得到的距离，是一种常用的测量方法。要求掌握 GPS 卫星定位原理，静态定位和动态定位以及相对定位和绝对定位的原理和方法，了解差分定位的原理和方法。

习　题

4-1　用文字配合公式和图形数码 GPS 定位的基本原理。

4-2　GPS 定位的方法有哪些？各种方法适合于哪种测量工作？

4-3　简述载波相位测量原理和伪距测量原理。

4-4　试分析载波相位测量与伪距测量的区别与联系。

4-5　整周未知数的确定有哪些方法？各种方法的含义是什么？

4-6　周跳的探测与修复常用的方法有哪些？

4-7　什么叫绝对定位？绝对定位方法有哪几种？精度如何？

4-8　什么叫相对定位？相对定位方法有哪几种？精度如何？

4-9　简述静态定位和动态定位的优缺点.

4-10　差分定位原理是什么？有哪种方法？

子项目五 GPS 测量误差的来源及其对策

在本项目中，我们将对影响 GPS 定位的主要误差源进行讨论和分析；研究它们的性质、大小及其对定位所产生的影响；介绍消除和削弱这些误差影响的方法和措施，以便更好地发挥 GPS 技术优势，为 GPS 测量生产实践提供理论基础和技术指导。

任务一 GPS 测量误差的来源及分类

GPS 测量是通过地面接收设备接收卫星传送的信息来确定地面点的三维坐标。GPS 测量中的各种误差从误差源来讲，大体可以分为下列三类：与卫星有关的误差、与信号传播有关的误差、与接收机有关的误差。为了便于理解，通常将各项误差换算为卫星至观测站的距离，以相应的距离误差表示，称为等效距离误差。GPS 测量误差来源及各项等效距离误差影响范围见表 1.5.1。

表 1.5.1 GPS 定位误差的分类

误差来源	误差分类	对距离测量的影响/m
GPS 卫星	① 卫星星历误差； ② 卫星误差； ③ 相对论效应	1.5～15
信号传播	① 电脑层折射误差； ② 对流层折射误差； ③ 多路径效应	1.5～15
接收设备	① 接收机钟误差； ② 位置误差； ③ 天线相位中心变化	1.5～5
其他影响	① 地球潮汐； ② 负荷潮	1.0

其中，卫星星历误差、电离层折射误差、对流层折射误差是影响 GPS 定位精度的主要因素。在高精度的 GPS 测量中，还应考虑与地球整体运动有关的地球潮汐、相对论效应等。

按照误差性质来说，可以把 GPS 测量中的误差分为系统误差和偶然误差。系统误差包括卫星星历误差、卫星钟误差、接收机钟差以及大气折射误差等。偶然误差包括多路径效应引起的误差和观测误差。GPS 测量与经典的大地测量在误差方面有着明显的不同。经典大地测量的主要误差是偶然误差；而 GPS 测量的主要误差是系统误差，其无论从误差的大小还是对定位结果的危害性都比偶然误差要大得多。偶然误差是无规律性可循的，因此无法消除，但其影响相对较小；系统误差影响较大，但有一定的规律可循，故在测量过程中可采用一定的措施加以消除。为了消除、减弱或修正系统误差的影响，通常采用以下措施：

（1）引入未知参数，在数据处理中与其他参数同时求解。

（2）建立系统误差改正模型，修正观测量。

（3）将不同测站的相同卫星的同步观测值求差。

（4）忽略一些系统误差影响。

任务二　与卫星有关的误差

与 GPS 卫星有关的误差主要包括卫星星历误差、卫星钟的钟误差和相对论效应。

一、卫星星历误差

卫星作为高空运行的动态已知点，其瞬时的位置是由卫星星历提供的。卫星星历的误差实质就是卫星位置的误差，即由卫星星历计算得到的卫星的空间位置与卫星实际位置之差。在 GPS 测量中，卫星是作为已知点的，因此，卫星星历误差是一种起算数据误差，在一个观测时段里，对观测量的影响主要呈现系统误差特性。卫星星历误差的大小主要取决于卫星跟踪系统的质量，如卫星跟踪站的数量及空间分布、观测值的数量及精度、轨道计算时所选用的轨道模型及定轨软件的完善程度等。另外，卫星星历误差与星历的预报间隔也有直接关系。卫星星历误差将严重影响单点定位的精度，在精密相对定位中也是一个重要的误差源。

1. 星历误差来源

卫星星历的数据来源有预报星历（广播星历）和后处理星历（精密星历）两类。

（1）预报星历。它是根据美国 GPS 控制中心跟踪站的观测数据进行外推，通过 GPS 卫星发播的一种预报星历，是卫星电文中所携带的主要信息。由于我们还不能充分了解作用在卫星上的各种摄动因素的大小及变化规律，所以预报数据中存在着较大的误差。

当前从卫星电文中解译出来的星历参数共 17 个，每小时更换一次。由这 17 个星历参数确定的卫星位置精度为 20～40 m，有时可达 80 m，随着定轨技术和摄动力模型的改善，其定位精度可以提高到 5～10 m。广播星历对导航用户与实时定位用户具有十分重要的作用。

（2）精密星历。又称为后处理星历，属于实测星历。它是根据实测资料进行拟合处理而直接得出的星历。它需要在一些已知精确位置的点上跟踪卫星来计算观测瞬间的卫星真实位置，从而获得准确可靠的精密星历。这种星历要在观测后 1～2 个星期才能得到，这对导航和动态定位无任何意义，但是在静态精密定位中具有重要作用。

精密星历通常有偿地为所需用户服务。目前的 GPS 精密星历主要有两种：由美国国防制图局（DMA）生产的精密星历以及由国际 GPS 服务（IGS）生产的精密星历。前者的星历精度约为 2 m；后者的星历精度则优于 30 cm。IGS 是一个非军方的国际协作组织，其开放度也较高。

此外，GPS 卫星是高轨卫星，区域性的跟踪网也能获得很高的定轨精度。所以许多国家和组织都在建立自己的 GPS 卫星跟踪网开展独立的定轨工作。

2. 星历误差对定位的影响

在 GPS 定位中，一般都把由卫星星历所给出的卫星在空间的位置视为已知值，此时星历误差将成为一种起算数据误差。这种误差对单点定位和相对定位有不同的影响。下面分别予以介绍：

（1）对单点定位的影响。

对于单点定位，星历误差的径向分量作为等价测距误差进入平差计算，配赋到星站坐标和接收机钟差改正数中去，具体配赋方式则与卫星的几何图形有关。

卫星星历误差在卫星间可以看成是独立的，但同一卫星在一段时间内的星历误差具有很强的相关性，呈现系统性的偏差。即使连续观测较长的时间（1～2 h），也难以消除卫星星历误差对单点定位的影响。一般说来，卫星单点定位误差的量级大体上与卫星星历误差的量级相同。利用广播星历，卫星星历误差对测站坐标的影响一般可达数米、数十米甚至上百米，因此广播星历通常只能满足导航和低精度单点定位的需要。进行厘米级精度的精密单点定位时必须使用高精度的精密星历。

（2）对相对定位的影响。

利用两站的同步观测资料进行相对定位时，由于星历误差对两站的影响具有很强的相关性，所以在求坐标差时，共同的影响可自行消去，从而获得高精度的相对坐标。因此，星历误差对相对定位的影响远小于对单点定位的影响。

星历误差对相对定位的影响通常采用下式来进行估计：

$$\frac{d_D}{D} = \left(\frac{1}{10} \sim \frac{1}{4}\right) \times \frac{d_\rho}{\rho} \tag{1.5.1}$$

式中　ρ——卫星到观测站的几何距离；

　　　d_ρ——卫星的星历误差；

　　　D——基线向量长度；

　　　d_D——由于卫星星历误差引起的基线误差。

式中系数 $\left(\dfrac{1}{10} \sim \dfrac{1}{4}\right)$ 的具体取值取决于基线向量的位置与方向、观测时段的长短、观测的卫星数量及其几何分布等因素。

目前，广播星历的精度为 5~10 m，星历误差对相对定位的影响为 10^{-7} 级；即使是在实施 SA 政策广播星历的精度被人为地降低至 100 m 时，$\dfrac{d_D}{D}$ 仍可达到 0.5 ～ 1.2 ppm（1 ppm=10^{-6}），可满足一般控制测量和工程测量的要求。但随着基线距离增加，卫星星历误差引起的基线误差将不断增大。因此，对于长距离、高精度的 GPS 测量，需要采用精密星历。

星历误差对相对定位的影响通常采用下式来进行估计：

3. 削弱或消除卫星星历误差的措施

（1）采用精密星历。在高精度的应用领域中，可使用精密星历。IGS 的成立为我们提供了方便。

建立自己独立的卫星跟踪网。建立自己的卫星跟踪网，独立测定卫星轨道参数，可以获得很高的定位精度。这对确保导航和实时定位的可靠性和精度有很重要的意义，尤其在非常时期，可以不受美国政策有意降低调制在 C/A 码上的卫星星历精度的影响。独立的卫星跟踪网，不仅可以向进行事后处理的用户提供精密星历，而且还可以向进行导航和实时定位的用户提供经精密星历外推得到的较为准确的预报星历。我国已经在北京、上海、武汉、西安、拉萨、乌鲁木齐建立 GPS 跟踪站。通过跟踪站的监测，精密星历的精度可能达到 0.25 m，从而满足 1 000 km 基线相对的精度达到 10^{-8} 的要求。

（2）采用相对定位模式。也称为同步观测值求差，这一方法是利用在两个或多个观测站上，对同一卫星的同步观测值求差，因为星历误差对相距不太远的两个测站的影响基本相同，所以对于确定两个测站之间的相对位置，可以减弱卫星星历误差的影响。

采用相对定位模式时，即使基线长度达 56 km，广播星历误差的影响仍保持在 1 cm 以内。采用这种方法布设的 GPS 网具有很高的相对精度。该法简单，效果显著，因而被广泛使用。

（3）轨道松弛法。所谓轨道松弛法，就是在平差模型中把卫星星历给出的卫星轨道视为初始值，将其改正数作为未知数，通过平差求得测站位置及轨道改正数。这种方法不适用于范围较小的测区，此外数据处理相当复杂，工作量大为增加，不宜在作业单位普遍推广，只适用于无法获取精密星历而采取补救措施的情况。

二、卫星钟的钟误差

1. 卫星钟钟误差的来源

卫星钟采用的是 GPS 时，它是由主控站按照美国海军天文台（USNO）的协调世界时（UTC）进行调整的。GPS 时与 UTC 在 1980 年 1 月 6 日零时对准，不随闰秒增加，时间是连续的，随着时间的积累，两者之间的差别将表现秒的整倍数；如有需要，可由主控站对卫星钟的运行状态进行调整，不过这种遥控调整仍然满足不了定位所需的精度。此外，尽管 GPS 卫星均设有高精度的原子钟（铷钟和铯钟），但它们与理想的 GPS 时之间仍存在着难以避免的频率偏差或频率漂移，也包含钟的随机误差。这些偏差总量在 1 ms 以内，由此引起的等效距离可达 300 km，显然无法满足定位精度的要求。在 GPS 测量中，卫星作为高空观测目标，其位置在不断变化，必须有严格的瞬间时刻，卫星位置才有实际意义。另外，GPS 测量就是通过接收和处理 GPS 信号实现定位的，必须准确测定信号传播时间，才能准确测定观测站至卫星的距离。所以时钟误差是一个重要误差源之一。

2. 削弱或消除卫星钟钟误差的措施

在 GPS 测量中一般可采用下列方法解决钟误差：

（1）采用钟差改正法。GPS 定位系统通过地面监控站对卫星的监测，测试卫星钟的偏差。卫星钟的偏差可用二阶多项式的形式加以表示，改正参数通过卫星导航电文发送给用户。应用二项式模拟卫星钟的误差只能保证卫星钟与标准 GPS 时间同步在 20 ns 之内。由此引起的等效偏差不会超过 6 m。

（2）观测量差分法。卫星钟差或经改正后的残差，在相对定位中可通过差分法中得到消除，即在接收机间求一次差分的方法来进一步消除。

（3）通过其他渠道获取精确的卫星钟差值。

在某些应用中，例如利用载波相位观测值进行精密单点定位（Precise Point Positioning，PPP）时，观测值的精度很高，对定位结果的精度要求也很高，自然对卫星钟差也会提出很高的要求。此时根据卫星导航电文中给出的钟参数求得的卫星钟差已不能满足要求，故需通过其他渠道来获取精确的卫星钟差值，如通过国际 GPS 服务 IGS 来获取精确的卫星钟差。由于下列原因，IGS 能给出精度更高的卫星钟差和卫星星历：

① 与 GPS 地面监控部分相比，IGS 的定轨站数量更多，地理分布更好。

② IGS 定轨时用的是载波相位观测值（辅之以测码伪距观测值），而广播星历是根据测码伪距导得的。

③ IGS 给出的最终卫星星历和卫星钟差均为实测的结果，而 GPS 卫星导航电文中给出的都是预报值。

④ IGS 所采用的定轨模型及数据处理软件更为严密、完善。目前 IGS 综合星历中给出的卫星钟差的精度可达 0.1 ns。

三、相对论效应

GPS 测量中相对论效应是由于卫星钟和接收机钟所处的状态（运动速度和重力位）不同而引起的卫星钟和接收机钟之间产生相对钟误差的现象。相对论效应主要取决于卫星的运动速度和重力位，并且是以卫星钟的误差这一形式表现的。GPS 卫星在高 20 200 km 的轨道上运行，卫星钟受相对论效应的影响，其频率与地面静止钟相比，将发生频率偏移，这是精密定位中必须顾及的一种误差影响因素。

由于相对论效应的影响，使一台钟放到卫星上去后的频率比在地面时增加 $\Delta f = 4.449 \times 10^{-10} f_0$。解决相对论效应的最简单的办法就是在制造卫星钟的时候预先把频率降低 $\Delta f = 4.449 \times 10^{-10} f_0$。因此，当降低频率以后的卫星钟进入轨道后受到相对论效应的影响，频率正好变为标准频率 10.23 MHz。

上述结论是在卫星轨道为圆形、运动为匀速（轨道半径 $R_s = 26\ 560$ km，运动速度 $v = 3\ 874$ m/s，光速度 $c = 299\ 792\ 458$ m/s，地球半径 $R_m = 6\ 378$ km）的情况下推导出来的。但实际上 GPS 卫星的轨道是一个椭圆，卫星的运行速度也随着时间发生变化，故此时将相对论效应视为常数显然不符合实情，而应是时间的函数，也即按上述降频的方法改正以后仍存在残差。当 GPS 卫星轨道椭圆的偏心率等于 0.01，GPS 卫星的偏近点角等于 90°时，相对论效应的影响达到最大值，它对 GPS 时间的影响最大可达 22.897 ns，相当于 6.864 m 的站星距离，在精密定位中是不容忽视的。

任务三　与卫星信号传播有关的误差

与卫星信号传播有关的误差包括信号穿越大气电离层和对流层时所产生的误差以及信号反射产生的多路径效应误差。

一、电离层折射误差

1. 电离层折射的影响

所谓电离层，系指地球上空大气圈的上层，距离地面高度在 50～1000 km 的大气层。电离层中的气体分子由于受到太阳等天体各种射线的辐射作用，产生强烈的电离，形成大量的自由电子和正离子。当 GPS 信号通过电离层时，因受到带电介质的非线性散射特性的影响，信号的传播路径会发生弯曲，由于自由电子的作用，其传播速度会发生变化，这种变化称为电离层折射（电离层延迟）。用光速乘上信号传播时间就不会等于卫星至接收机的实际距离，从而产生电离层折射误差。

对于 GPS 信号来讲，这种距离差在天顶方向最大可达 50 m，在接近地平方向时（高度角为 20°）可达 150 m。可见它对观测量的精度影响较大，必须采取有效措施予以削弱。

测距码和载波通过电离层时的影响不同，对于测距码观测，相应的传播路径延迟为

$$\Delta I_g \approx 40.28 \frac{\sum N}{f^2}$$

对于载波相位观测，相应的传播路径延迟为

$$\Delta I_P \approx -40.28 \frac{\sum N}{f^2}$$

式中，$\sum N$ 为信号传播路径上的电子总量；f 为信号的频率。

由上述两式可知，电离层折射影响主要取决于信号频率和传播路径上的电子总量。对于确定的频率，电子总量为唯一变量。电离层电子密度与太阳黑子活动强度最为密切相关，随着距离地面的高度、年份不同、季节变化、时间不同、测站位置不同等多种因素而变化。据有关资料分析，电离层电子密度白天约为夜间的 5 倍；一年中，冬季为夏季的 4 倍；太阳黑子活动最激烈时可为最小时的 10 倍；水平方向比天顶方向延迟最大可差 3 倍。目前还无法用一个严格的数学模型来描述电子密度的大小和变化规律，所以不可能用上述公式直接求出电离层延迟改正数的确切值。

2. 削弱或消除电离层折射的措施

（1）双频改正。电磁波通过电离层所产生的折射与电磁波频率 f 的平方成反比。如果同时用两种已知频率来发射卫星信号，则两种不同频率的信号将沿着同一路径到达接收机。由于信号频率不同，这两种信号所受到的电离层延迟也不同。因此，同时发射的两种信号将先后到达接收机，若能精确地测定这两种信号到达接收机的时间差，就能准确地反推出两种信号分别所受到的电离层延迟。

GPS 卫星采用两种频率的载波，其频率分别如下：

L_1 载波：$f_1 = 1\,575.42$ MHz

L_2 载波：$f_2 = 1\,227.60$ MHz

如果我们采用双频接收机进行伪距测量，就能根据电离层延迟与信号频率有关的特性，从两个伪距观测值中求得电离层延迟改正，由此来消除电离层延迟的影响。利用双频改正法，其消除电离层的有效性不低于 95%，使得经改正后的距离残差为厘米级。因此，双频接收机在精密定位中得到了广泛的应用。

（2）利用电离层改正模型进行改正。在导航电文中提供电离层改正模型，该模型一般用于单频接收机，以减弱电离层的影响。由于影响电离层折射的因素很多，无法建立严格的数学模型，所以该模型修正的有效性为 75%；也就是说，当电离层对距离观测值的影响为 20 m 时，修正后的残差仍为 5 m。

（3）相对定位进行同步观测值求差。当测站间的距离相距不太远时，两测站上的电子密度变化不大，卫星的高度角相差不多，此时卫星信号到达不同观测站所经过的介质状况相似、路径相似，当利用两台或多台接收机对同一组卫星的同步观测值求差时，可以有效地削弱电离层折射的影响；即使不对电离层折射进行改正，对基线成果的影响一般也不会超过 1 ppm。尤其对于单频接收机用户，这种方法的意义明显。但是，随着基线长度的增加，其精度将明显降低。

（4）选择有利的观测时段。在太阳辐射强烈的正午或是太阳黑子的活动异常期，电离层延迟显著，会明显影响改正效果。因此，在拟定工作计划时，应尽量避免在这些时段进行观测。

二、对流层折射误差

1. 对流层折射的影响

对流层是高度为 50 km 以下的大气底层，由于离地面更近，其大气密度比电离层更大，大气状态变化也更复杂。对流层与地面接触并从地面得到辐射热能，其温度随高度的上升而降低。对流层中虽有少量带电离子，但对电磁波传播影响不大，不属于弥散性介质；也就是说，电磁波在其中的传播速度与频率无关，只与大气的折射率有关。

GPS 信号通过对流层时，传播路径会发生弯曲，使得测量距离产生偏差，这种现象称为对流层折射。由于大气的对流作用很强，大气状态变化复杂，使得对流层的折射比电离层折射更复杂。对流层大气折射率与大气压力、温度和湿度有关，一般将对流层中大气折射率分为干分量和湿分量两部分。大气折射率干分量与大气的温度和气压有关，湿分量与信号传播路径上的大气湿度和温度有关。

对流层折射的影响与信号的高度角有关，当在天顶方向（高度角为90°），其影响达2.3 m；当在地面方向（高度角为10°），其影响达20 m。因此，在精密GPS测量中，必须考虑对流层折射的影响。对流层折射的影响还与大气压力、温度和湿度有关。由于大气的对流作用很强，大气状态变化复杂，所以对流层及其影响难以准确地模型化。

2. 削弱或消除对流层折射的措施

（1）用改正模型进行对流层改正。其设备简单，方法易行。但是由于水汽在空间的分布很不均匀，不同时间、不同地点水汽含量相差甚远，用统一模型难以准确描述。利用测站地面实测的气象数据，可通过现有的各种数学模型消除92%～95%的对流层折射影响。目前采用的对流层折射改正公式主要有霍普菲尔德（Hopfield）公式、萨斯塔莫宁（Sastamoinen）公式和勃兰克（Black）公式。

（2）相对定位进行同步观测值求差。与电离层的影响类型类似，当两观测站相距不太远时，由于信号通过对流层的路径大体相同，所以对同一卫星的同步观测值求差，可以明显地减弱对流层折射的影响。这一方法在精密相对定位中被广泛应用。不过随着同步观测站之间距离的增大，大气状况的相关性减弱。当距离大于50～100 km时，对流层折射的影响就成为制约GPS定位精度提高的重要因素。

（3）引入对流层延迟的附加待估参数，在网平差处理中一并求得。

三、多路径效应

1. 多路径效应的影响

多路径是指卫星信号通过多个不同路径传到接收机天线。GPS测量中，如果测站周围的反射物所反射的卫星信号（反射波）进入接收机天线，这就将和直接来自卫星的信号（直接波）产生干涉，从而使观测值偏离真值产生所谓的"多路径误差"。这种由于多路径的信号传播所引起的干涉时延效应叫做多路径效应。其实质是反射波对直射波的破坏性干涉引起的站星距离误差。

多路径效应的影响随着天线周围反射物面的性质而异。物面反射信号的能力可用反射系数来表示。表1.5.1给出了不同反射物面对频率为2GHz的微波信号的反射系数。

表 1.5.1　反射系数表

水面		稻田		野地		森林山地	
a	损耗/dB	a	损耗/dB	a	损耗/dB	a	损耗/dB
1.0	0	0.8	2	0.6	4	0.3	10

多路径效应是 GPS 测量中一种重要的误差源，将严重损害 GPS 测量的精度。资料表明，在一般反射环境下，多路径效应对测距码伪距的影响可达米级，对载波相位测量伪距的影响达厘米级；在高反射环境下，多路径效应影响明显增大，严重时导致卫星信号失锁及使载波相位观测量产生周跳。因此多路径效应的影响是不容忽视的。

2. 削弱或消除多路径效应的措施

多路径误差属于偶然误差，不仅与反射系数（取决于反射物的材料、形状及粗糙程度）有关，也和反射物离测站的距离及卫星信号方向有关，无法建立准确的误差改正模型。比较有效的办法是选择有效的站址及接收机。

（1）选择合适的站址。

① 测站应远离大面积平静的水面，较好的站址是选在地面有草丛、农作物等植被能较好吸收微波信号能量的地方。

② 测站不宜选在山坡、山谷和盆地中。

③ 测站附近不应有高层建筑物，观测时测站附近也不要停放汽车。

（2）选择合适的接收机。

选择抑径圈和抑径板天线，改善 GPS 接收机的电路设计；选择对极化特性不同的反射信号有较强抑制作用的接收机天线。

（3）延长观测时间。

适当延长观测时间，削弱多路径效应的周期性影响。

任务四　与接收机有关的误差

与接收机有关的误差包括接收机钟差所产生的误差、观测误差、天线相位中心位置误差以及接收机软件和硬件造成的误差。

一、接收机钟的钟误差

接收机钟差是 GPS 接收机所使用的钟的钟面时与 GPS 标准时之间的差异。在 GPS 测量时，为了保证随时导航定位的需要，卫星钟必须具有极好的长期稳定度。而接收机钟则只需在一次定位的期间内保持稳定，所以一般使用短期稳定度较好、便宜轻便的石英钟，其稳定度约为 10^{-11}，比卫星钟的稳定度低得多。如果卫星钟与地面接收机钟同步误差为 1 μs，则由此引起的等效距离误差约为 300 m。

减弱接收机钟差的方法有：

（1）单点定位时，将接收机钟差作为独立的未知数在数据处理中求解。

（2）载波相位相对定位中，同步观测 5 颗以上卫星，采用对观测值求差（星间单差、星站间双差）的方法，可以有效地消除接收机钟差。

（3）高精度定位时，可采用外接频标的方法，为接收机提供高精度时间标准，如外接铯钟、铷钟等。这种方法常用于固定站。

二、观测误差

观测误差与仪器硬件和软件对卫星信号观测能达到的分辨率有关。一般认为，分辨误差为信号波长的 1%，如 P 码、C/A 码、载波 L_1 和载波 L_2 的分辨误差分别为 0.3 m、2.9 m、2.0 mm、2.5 mm。

观测误差还与天线的安置精度有关，即天线对中误差、天线整平误差及量取天线高的误差。例如天线高 2.0 m，天线整平时，即圆水准气泡略偏一格，对中影响为 5 mm。所以，在精密定位中，应注意整平天线，仔细对中；应用 GPS 进行变形观测时，要采用强制对中装置；量仪器高时，应多量几遍取平均。

三、天线相位中心位置误差

接收机天线相位中心偏差是 GPS 接收机天线的标称相位中心与其真实的相位中心之间的差异。在 GPS 测量中，其伪距和相位观测值都是测量卫星到接收机天线相位中心间的距离。而天线对中都是以天线几何中心为准。所以，要求天线相位中心应与天线几何中心保持一致。但是，天线相位中心的瞬时位置会随信号输入的强度和方向不同发生变化，所以观测时，相位中心的瞬时位置（称为视相位中心）与理论上的相位中心会不一致。

天线相位中心与几何中心的差称为天线相位中心的偏差，这个偏差会造成定位误差，这种偏差的影响可达数毫米至数厘米。所以，如何减少相位中心的偏移是天线相位设计中的一个重要问题。在天线设计时，应尽量减少这一误差（一般控制在 5 mm 之内），并且要求在天线盘上指定指北方向。这样，在相对定位时，可以通过求差削弱相位中心偏差的影响。所以，在实际工作中，如果使用同一类型的天线，在相距不远的两个或多个观测站上同步观测了同一组卫星，便可以通过观测值的求差来削弱相位中心偏移的影响。在野外观测时，要求天线严格对中、整平，同时还要将各观测站的天线盘上附有的方位标指北定向。通常定向偏差应保持在 3°~5°。

四、整周未知数的误差

载波相位观测法是最精密的观测方法，它可精确地测定卫星至观测站的距离。然而，接收机只能测定载波相位非整周的小数部分以及从某一起始历元至观测历元间载波相位变化的整周数，而无法直接测定载波相位在起始历元上的整周数。因而，在测相伪距观测中必然存在着整周未知数的影响。这也是载波相位观测法的主要弱点。

此外，载波相位观测过程中可能产生整周跳变问题。当接收机对卫星信号进行跟踪时，载波信号的整周数则可由接收机自动计数。但当卫星信号被阻挡或接收机软件和硬件受到干扰时，则接收机的跟踪可能中断（失锁）。而当卫星信号被重新锁定后，被测载波相位的小数部分是连续的，但此时的整周数不再是连续的，即称为周跳现象。在载波相位测量中经常出现，它对距离观测的影响类似于整周未知数，在精密定位中是一个非常重要的问题。

任务五　其他误差

1. 卫星分布的几何图形强度

GPS 定位的基本原理是空间距离后方交会，决定其定位精度的还有一个因子即几何图形的精度。GPS 星座与测站构成的几何图形不同，即使是相同精度的观测值所求得的点位精度也会不同。在 GPS 测量中，通常用图形强度因子 DOP 来表示几何图形精度。DOP 是描述卫星的几何位置对误差贡献的因子。分析表明，若测站与四颗卫星构成一个六面体，则图形强度因子 GDOP 与该六面体的体积成反比。也就是说，所测卫星在空间分布越大，六面体面积就越大，GDOP 值越小，图形强度越高，定位精度也越高。

2. 地球潮汐的影响

地球并非刚体，在太阳和月球的万有引力作用下，固体地球会产生周期性形变，这种现象被称为地球固体潮。另外，在日月引力的作用下，地球上的负荷也将产生周期性的变化，使得地球会产生周期的形变，称为负荷潮。

由地球固体潮和负荷潮引起的测站位移可达 80 cm，由此使得不同时间的测量结果互不一致，因此在高精度单点定位和中长距离相对定位中不可忽略此项的影响。

3. 地球自转的影响

当卫星信号到达地面测站时，与地球相固连的协议地球坐标系相对于卫星信号发送时的位置已经绕 Z 轴产生了旋转，使得卫星坐标发生变化，这对高精度定位有一定影响。

4. 数据处理中产生的误差

（1）起算点已知坐标误差。起算点的坐标精度直接影响到测量结果精度，因此，技术设计时应根据任务需求选择相应等级的控制点，并在测量前检验控制点精度。

（2）坐标系统转换误差。GPS 使用的坐标系统是 WGS-84 坐标系统，而我国目前主要使用 1980 西安坐标系、2000 国家大地坐标系或地方坐标系，因此需进行坐标系转换。通常实现坐标系转换可以采用四参数或七参数方法，但是无论采用哪种方法，都不可避免地会产生误差。为了提高坐标系转换精度，尽可能采用高精度的控制点、联测更多的已知点、控制点分布且均匀覆盖整个测区。

（3）大地水准面内插误差。GPS 测量的地面点在 WGS-84 坐标系中为大地高，而目前我国使用的高程系统为正常高，因此需进行高程转换。由此也会产生转换误差。

5. 与动态定位有关的误差

实时动态定位需要利用无线数据链进行实时数据传输，由此也会产生误差。与无线数据链有关的误差包括差分信号调制解调误差和外界环境干扰影响等。

本项目小结

本项目主要介绍了 GPS 定位测量的主要误差，其来源有三个方面：与 GPS 卫星有关的误差；与信号传播有关的误差；与接收设备有关的误差。其中，卫星星历误差、电离层折射误差、对流层折射误差是影响 GPS 定位精度的主要因素。本章学习时应重点掌握各类 GPS 测量误差的特征及其影响、削弱 GPS 测量误差的各种对策与措施。对于书中的公式推导过程不要求掌握，但对公式推导的结论应当理解并熟练掌握运用。

习　题

1. 在 GPS 测量定位中，其主要误差源是什么误差？系统误差主要包括哪几种？
2. GPS 卫星星历误差的实质是什么？
3. 广播星历与实测星历的优缺点？
4. 星历误差对定位的影响有哪些？减弱星历误差影响的途径有哪几种？
5. 相对论效应是怎样产生的？如何解决？
6. 电离层折射及其影响有哪些？减弱电离层影响的有效措施有哪几种？
7. 对流层折射及其影响有哪些？减弱对流层影响的有效措施有哪几种？
8. 多路径效应是什么？怎样防止？
9. 减弱接收机钟差比较有效的方法是什么？
10. 接收机天线的相位中心与其几何中心的区别在哪里？

项目二 GNSS 测量技术设计

GNSS 测量与常规测量相类似，按 GNSS 测量的实施过程，其工作程序可分为以下三个阶段：测量的技术设计、外业实施和内业数据处理。本项目主要介绍 GNSS 测量的技术设计和外业实施这两个阶段的工作，内业数据处理将在下个项目中详细介绍。通过本项目的学习，学生应该掌握 GNSS 测量技术设计和外业实施的基本要求和常用的作业方法。在毕业后的实际工作中，本项目内容对于工程测量技术专业的学生来说具有非常重要的意义。

任务一 GNSS 测量的技术设计

GNSS 测量工作与常规的测量工作类似，按其性质分为外业和内业两大部分。其中，外业工作主要包括选点、建立测站标志、野外观测数据采集及成果质量检核等；内业工作主要包括 GNSS 测量的技术设计、测后数据处理以及技术总结等工作。GNSS 测量按实施的工作程序可分为：GNSS 网的优化技术设计、选点与建标、外业观测、成果检核与处理、技术总结和上交资料。

GNSS 测量是一项技术复杂、要求严格、耗费较大的工作。GNSS 测量工作总的原则是：在满足用户对测量精度和可靠性等要求的前提下，尽可能地减少经费、时间和人力的消耗。因此，对各阶段的工作，相关单位都要精心设计、精心组织和认真落实。我们进行 GNSS 测量技术设计的目的就是优质、低耗地完成 GNSS 测量作业。

GNSS 测量的实施，与 GNSS 测量技术的发展水平密切相关。GNSS 接收系统硬件和软件的不断改善，将直接影响 GNSS 测量工作的实施方法、观测时间、作业要求和成果的处理方法。

为了满足用户的要求、保证测量精度和可靠性，GNSS 测量作业必须遵守统一的规范和细则。国家和相关部委为了实际工作的需要，制定了一些规范和规程。这些规范只是对 GNSS 测量工作提出了一些原则性的规定和要求。因此，我们只是把这些规范作为参考，介绍 GNSS 测量工作的基本方法和原则。

《全球定位系统（GPS）测量规范》（GB/T 18314-2009）对 GNSS 测量工作有如下的规定：

（1）GNSS 测量采用 2000 国家大地坐标系，采用 GNSS 时间系统，手簿记录采用世界协调时（UTC）。

（2）用于各级 GNSS 网测量的仪器应经法定计量检定合格，并在检验有效期内使用。

（3）各级 GNSS 网测量采用中误差作为技术指标，以两倍中误差作为极限指标。

（4）当需要提供 1980 西安坐标系及 1954 北京坐标系及其他坐标成果时，应按坐标转换的方法求得这些坐标系中的坐标。

（5）GNSS 网布测前应进行技术设计，以得到最优的布设方案。技术设计书的格式、内容、要求与审批程序都要按照《测绘技术设计规定》CH/T1004 执行。技术设计前应收集资料，并应对资料进行分析研究，必要时进行实地踏勘。

GNSS 测量的技术设计是进行 GNSS 测量定位的基础性工作，是根据国家现行规范、规程，针对 GNSS 控制网的用途及用户要求，对 GNSS 测量的网形、精度及基准等做出具体的工作设计。

一、GNSS 控制网的技术设计的依据

GNSS 控制网技术设计及外业测量的主要技术依据是现行的 GNSS 测量规范（规程）和测量任务书。

1. GNSS 测量规范（规程）

GNSS 测量规范（规程）是国家质量技术监督局或相关行业部门所制定的技术标准。目前，现行的 GNSS 控制网设计依据的规范（规程）有：

（1）国家质量技术监督局发布的国家标准 GB/T 18314—2009《全球定位系统（GPS）测量规范》，以下简称国标（GB）《规范》。

（2）国家标准 GB 50026—2007《工程测量规范》，以下简称 GB《工测规范》。

（3）1992 年国家测绘局发布的测绘行业标准《全球定位系统（GPS）测量规范》，以下简称《规范》。

（4）1998 年建设部发布的行业标准《全球定位系统城市测量技术规程》，以下简称《规程》。

（5）各部委根据本部门 GNSS 工作的实际情况指定的其他 GNSS 测量规程或细则。

各部门发布的多种行业 GNSS 测量规程，也可作为本部门 GNSS 测量作业的依据。它们只有行业的约束力，但不能与上述国家标准相抵触。

2. 测量任务书

测量任务书或测量合同是测量施工单位上级主管部门或合同甲方下达的技术要求文件。这种技术文件是指令性的，它规定了测量任务的范围、目的、精度和密度要求，提交成果资料的项目和时间，完成任务的经济指标等。

在设计 GNSS 测量方案时，设计人员一般依据测量任务书提出的 GNSS 网的精度、点位密度和经济指标，并结合国家标准或其他行业规范（规程），根据所持有的仪器台数加上现场踏勘情况，具体确定点位及点间的连接方式、各点设站观测的次数、时段长短等布网方案和施测方案。

二、GNSS 控制网的精度与密度设计

应用 GNSS 定位技术建立的测量控制网称为 GNSS 控制网，其控制点称为 GNSS 点。GNSS

控制网无须像常规控制网那样，实施时要由高到低逐级控制，但是鉴于 GNSS 网的不同用途，其精度标准也有所不同。GNSS 控制网按照其用途和所控制的范围可分为两大类：一类是国家或区域性的高精度 GNSS 控制网；另一类是局部性的 GNSS 控制网，用于地籍测绘、物探勘测、中小城市测图和施工等。

1. GNSS 测量的精度标准及级别分类

GNSS 网的精度要求主要取决于网的用途和定位技术所能达到的精度。精度是用来衡量网的坐标参数估值受观测偶然误差影响的指标。精度指标通常以 GNSS 网中相邻点间弦长的标准差来表示，即

$$\sigma = \sqrt{a^2 + (bd)^2} \qquad (2.1.1)$$

式中　σ——标准差（基线向量的弦长中误差），mm；

　　　a——GNSS 接收机标称精度中的固定误差，mm；

　　　b——GNSS 接收机标称精度中的比例误差系数（1×10^{-6}）；

　　　d——相邻点间的距离，km。

GB《规范》将 GNSS 控制网按其精度划分为 A、B、C、D、E 五个精度级别，如表 2.1.1 和 2.1.2 所示。

表 2.1.1　GB《规范》规定的 A 级 GNSS 网精度要求

级别	坐标年变化率中误差		相对精度	地心坐标各分量年平均中误差/mm
	水平分量/mm	垂直分量/mm		
A	2	3	1×10^{-8}	0.5

表 2.1.2　GB《规范》规定的 B、C、D、E 级 GNSS 网精度要求

级别	相邻点基线分量中误差		相邻点间平均距离/km
	水平分量/mm	垂直分量/mm	
B	5	10	50
C	10	20	20
D	20	40	5
E	20	40	3

用于建立国家二等大地控制网和三、四等大地控制网的 GNSS 测量，在满足表 2.1.2 规定的精度要求的基础上，其相对精度应分别不低于 10^{-7}、10^{-6} 和 10^{-5}。

GB《规范》规定：

（1）A 级 GNSS 网主要用于建立国家一等大地控制网、进行全球性的地球动力学研究、地壳形变测量和精密定轨等。A 级 GNSS 网由卫星定位连续运行基准站构成。

（2）B 级 GNSS 网主要用于建立国家二等大地控制网、建立地方或城市周边基准框架、区域性的地球动力学研究、地壳形变测量、局部变形监测和各种精密工程测量。

（3）C级GNSS网主要用于建立国家三等大地控制网以及建立区域、城市及工程测量的基本控制网。

（4）D级GNSS网主要用于建立国家四等大地控制网。

（5）中、小城市，城镇及测图、地籍、地信、房产、物探、勘测、建筑施工等控制测量中的GNSS测量，应满足D、E级GNSS测量的精度要求。

为了进行城市和工程测量，GB《工测规范》将卫星定位测量控制网划分为二等、三等、四等和一级、二级，如表2.1.3所示。

表2.1.3　GB《工测规范》规定的卫星定位测量控制网精度分级

等级	平均边长/km	固定误差 a/mm	比例误差系数 b/（$\times 10^{-6}$）	约束点间的边长相对中误差	约束平差后最弱边相对中误差
二等	9	≤10	≤2	≤1/250 000	≤1/120 000
三等	4.5	≤10	≤5	≤1/150 000	≤1/80 000
四等	2	≤10	≤10	≤1/100 000	≤1/45 000
一级	1	≤10	≤20	≤1/40 000	≤1/20 000
二级	0.5	≤15	≤40	≤1/20 000	≤1/10 000

注：当边长小于200 m时，边长中误差应小于20 mm。

在实际工作中，精度标准的确定还要根据用户的实际需要及人力、物力、财力等情况合理设计，也可参照本部门已有的生产规程和作业经验适当掌握。

在布网时，可以逐级布设、越级布设或布设同级全面网。只有根据任务的要求，合理地安排精度标准，才能有效地提高人力和物力的利用率、加快工程进度。

2. GNSS定位的密度设计

各种不同的任务要求和服务对象，对GNSS网的分布有不同的要求。例如，国家特级（A级）基准点主要用于提供国家级基准，有助于定轨、精密星历计算和大范围大地变形监测，平均距离几百千米。而一般工程测量所需要的网点则应满足测图加密和工程测量，平均边长几千米，甚至更短（几百米以内）。综合以上因素，GB《规范》对GNSS网中两相邻点间距离视其需要做出了规定：各级GPS相邻点间平均距离应符合表2.1.2中所列数据的要求，相邻点间最大距离不宜超过该网平均距离的2倍。在特殊情况下，也可结合任务和服务对象，对GNSS点分布要求做出具体的规定。

3. GNSS网布设的基本原则

（1）各级GNSS网应该逐级布设，在保证精度、密度等要求的情况下可以跨级布设。

（2）各级GNSS网布设应根据其布设目的、精度要求、卫星状况、接收机类型和数量、测区地形和交通状况以及作业效率等因素综合考虑，按照优化设计原则进行。

（3）各级GNSS网最简异步观测环或附合路线的布设边数应不大于表2.1.4和表2.1.5

的规定。

表 2.1.4　GB《规范》规定的闭合环或附合线路边数

级　别	A	B	C	D	E
闭合环或附合线路边数/条	≤5	≤6	≤6	≤8	≤10

表 2.1.5　GB《工测规范》规定的闭合环或附合线路边数

等　级	二等	三等	四等	一级	二级
闭合环或附合线路边数/条	≤6	≤8	≤10	≤10	≤10

（4）各级 GNSS 网点位应均匀分布。相邻点间距离最大不应超过该网平均点间距的 2 倍。

（5）在通用常规测量方法加密控制网的地区，D、E 级网点应有 1~2 个方向通视。

（6）B、C、D、E 级网测区高于施测级别的 GNSS 网点均应作为本级 GNSS 网的控制点（或框架点），并在观测时纳入相应级别的 GNSS 网中一并施测。

（7）在局部补充、加密低等级的网点时，采用的高等级的 GNSS 网点数不应少于 4 个。

（8）各级 GNSS 网按照观测方法可采用基于 A 级点、区域卫星连续运行基准站网、临时连续运行基准站网等的点观测模式，或以多个同步观测环为基础组成的网观测模式。网观测模式中的各同步环之间，应以边连接或点连接的方式进行网的构建。

（9）采用 GNSS 测量建立各等级大地控制网时，其布设还应遵循以下原则：

① 用于国家一等大地控制网时，其点位应均匀分布，覆盖我国国土。在满足条件的情况下，点位应布设在国家一等水准路线附近或国家一等水准网的结点处。

② 用于国家二等控制网时，应综合考虑应用服务和对国家一、二等水准网的大尺度稳定性监测等因素，统一设计，布设成连续网。点位应在均匀分布的基础上，尽可能与国家一、二等水准网的结点以及已知国家等级 GNSS 点、地壳变形监测点、基本验潮点等重合。

③ 用于三等国家大地控制网布设时，应满足国家基本比例尺测图的要求，并结合水准测量、重力测量技术，精化似大地水准面。

三、GNSS 控制网的基准设计

通过 GNSS 测量可以获得地面点间的 GNSS 基线向量，它属于 WGS-84 坐标系的三维坐标系。在实际工程应用中，我们需要的是国家坐标系（1954 北京坐标系或 1980 西安坐标系）或地方独立坐标系的坐标。因此，对于一个 GNSS 网测量工程，在技术设计阶段必须明确 GNSS 成果所采用的坐标系统和起算数据，即明确 GNSS 网所采用的基准。人们通常将这项工作称为 GNSS 网的基准设计。

GNSS 网的基准包括位置基准、方位基准和尺度基准。位置基准一般由 GNSS 网中起算点的坐标确定。方位基准一般由给定的起算方位角值确定，也可以将 GNSS 基线向量的方位作为方位基准。尺度基准一般由 GNSS 网中两起算点间的坐标反算距离确定，也可以利用地面的电磁波测距边确定，或者直接根据 GNSS 基线向量的距离确定。因此，GNSS 网的基准设计，实质上主要是指确定网的位置基准问题。

在进行 GNSS 网控制的基准设计时，必须考虑以下几个问题：

（1）将 GNSS 测量成果转化到工程所需的地面坐标系中的坐标时，应使足够多的地面坐标系的起算数据与 GNSS 测量数据重合，或者联测足够多的地方控制点，以求得坐标转换参数，用于坐标转换。在选择联测点时，既要考虑充分利用旧资料，又要使新建的高精度 GNSS 网不因旧资料精度较低而受到影响。因此，大中城市 GNSS 控制网应与附近的国家控制点联测 3 个以上，小城市或工程控制可以联测 2～3 个点。

（2）为保证 GNSS 网进行约束平差后坐标精度的均匀性以及减少尺度比误差影响，对 GPS 网内重合的高等级国家点或原城市等级控制网点，除将未知点连接成图形观测外，还要使所有点构成图形。

（3）在布设 GNSS 网时，可以采用高精度的激光测距边作为起算边长，激光测距边的数量可为 3～5 条。这些边可设在 GNSS 网中的任何位置，但激光测距边两端的高差不应悬殊。

（4）在布设 GNSS 网时，可以引入起算方位，但起算方位不宜太多。起算方位可布设在 GPS 网中的任何位置。

（5）GNSS 网经三维平差计算后，得到的是 GNSS 点在地面坐标系中的大地高，为求得 GNSS 点的正常高，可根据具体情况联测高程点。联测的高程点需均匀分布于网中，对丘陵或山区联测高程点应按高程拟合曲面的要求进行布设。A、B 级网应逐点联测高程，精度不应低于二等水准测量的精度。C 级网应根据区域似大地水准面精化法要求至少每隔 2～3 点联测一点，精度不应低于三等水准测量的精度。D、E 级网可以根据具体情况联测高程，精度按四等水准或与其精度相当的方法联测。各级网高程联测的测量方法和技术要求应按《国家一、二等水准测量规范》GB/T 12897 或《国家三、四等水准测量规范》GB/T 12898 的规定执行。

（6）新建 GNSS 网的坐标系应尽量与测区过去采用的坐标系统一致。如果采用的是地方独立坐标系或城市独立坐标系，应进行坐标转换，并应具备下列技术参数：① 所采用的参考椭球几何参数；② 坐标系的中央子午线经度值；③ 纵横坐标的加常数；④ 坐标系的投影面高程及测区平均高程异常值；⑤ 起算点的坐标值及起算方位。

（7）当将 GPS 网的世界大地坐标转换成地方独立坐标系时，应满足投影长度变形不大于 2.5 mm/km 的要求。可根据测区所在地理位置和平均高程按下述方法选定坐标系统：

① 当长度变形值不大于 2.5 mm/km 时，采用高斯正形投影统一 3°带的平面直角坐标系统；

② 当长度变形值大于 2.5 mm/km 时，可以采用投影于抵偿高程面上的高斯正形投影 3°带的平面直角坐标系统；

③ 当长度变形值大于 2.5 mm/km 时，也可以采用高斯正形投影任意带的平面直角坐标系统，投影面可采用黄海平均海水面或测区平均高程面。

四、GNSS 控制网图形构成的基本概念和网的特征条件

在进行 GNSS 网图形设计前，必须明确有关 GNSS 网构成的几个概念，掌握网的特征条件的计算方法。

1. GNSS 网图构成的几个基本概念

（1）观测时段（Observation Session）：测站上开始接收卫星信号进行观测到停止，连续观测的时间间隔。

（2）同步观测（Simultaneous Observation）：两台及以上接收机同时对同一组卫星进行的观测。

（3）同步观测环（Simultaneous Observation Loop）：三台及以上接收机同步观测获得的基线向量所构成的闭合环。

（4）异步观测环（Non-Simultaneous Observation Loop）：在构成多边形环路的所有基线向量中，只要有非同步观测基线向量，该多边形环路就叫异步观测环，简称异步环。

（5）独立基线（Independent Baseline）：对于 N 台 GNSS 接收机构成的同步观测环，独立基线数为 $N-1$。

（6）数据剔除率（Percentage of Data Rejection）：删除的观测值个数与应获得的观测值个数的比值。

（7）天线高（Antenna Height）：观测时接收机天线平均相位中心到测站中心标志面的高度。

（8）参考站（Reference Station）：在一定的观测时间内，一台或几台接收机分别固定在一个或几个测站上，一直保持跟踪观测卫星，其余接收机在这些测站的一定范围内流动设站作业，这些固定站称为参考站。

（9）流动站（Moving Station）：在参考站的一定范围内流动作业的接收机设立的测站。

（10）卫星定位连续运行基准站（Continuously Operating Reference Station，CORS）：由卫星定位系统接收机（含天线）、计算机、气象设备、通信设备及电源、观测墩构成的观测系统。它长期连续跟踪观测卫星信号，通过数据通信网络定时、实时或按数据中心的要求将观测数据传输到数据中心。它可独立或组网提供实时、快速或事后的数据服务。

（11）单基线解（Single Baseline Solution）：在多台 GNSS 接收机同步观测中，每次选择两台 GNSS 接收机的观测数据来解算基线向量。

（12）多基准解（Multi-baseline Solution）：从 N（$N \geqslant 3$）台 GNSS 接收机同步观测值中，由 $N-1$ 条独立基线构成观测方程，统一解算出 $N-1$ 条基线向量。

（13）国际导航卫星系统服务（International GNSS Service，IGS）：提供全球卫星导航系统包括 GNSS、GLONASS、GALILEO 等的卫星星历、卫星钟差以及相应卫星系统的地面基线坐标等方面信息的国际组织。

2. GNSS 网特征条件的计算

设在一个测区中需要布设 n 个 GNSS 点，用 N 台接收机进行观测，在每一个点观测 m 次，则根据 R. A. Sany 提出的观测时段数计算公式

$$S = \frac{m}{N} \cdot n \tag{2.1.2}$$

可以计算出所需要的 GNSS 网特征条件参数，如表 2.1.6 所示。

表 2.1.6　GNSS 网特征条件参数

GNSS 网特征条件参数	GNSS 网特征条件计算公式
总基线数	$B_{总} = S \cdot N \cdot (N-1)/2$
必要基线数	$B_{必} = n - 1$
独立基线数	$B_{独} = S \cdot (N-1)$
多余基线数	$B_{多} = S \cdot (N-1) - (n-1)$

一个具体 GNSS 网图形结构的主要特征，可依据以上公式进行计算。

3. GNSS 网同步图形构成及独立边选择

根据表 2.1.6，由 N 台 GNSS 接收机同步观测可得到的基线（GNSS 边）数为

$$B = N(N-1)/2 \tag{2.1.3}$$

但其中仅有 $N-1$ 条是独立边，其余为非独立边。图 2.1.1 给出了当接收机数 N 为 2～5 时所构成的同步图形。

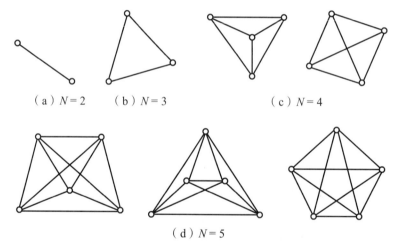

（a）$N = 2$　（b）$N = 3$　　　　（c）$N = 4$

（d）$N = 5$

图 2.1.1　N 台接收机同步观测图形

在图 2.1.1 中，仅有 $N-1$ 条边是独立的，其余边为非独立边。图 2.1.2 给出了独立 GNSS 边的不同选择形式。

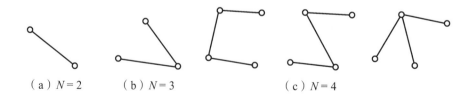

（a）$N = 2$　　（b）$N = 3$　　　　（c）$N = 4$

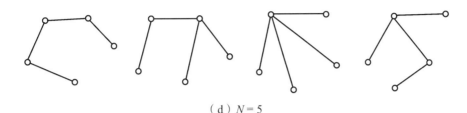

（d）$N = 5$

图 2.1.2　独立 GNSS 边的不同选择形式

当同步观测的 GNSS 接收机数 $N \geqslant 3$ 时，同步闭合环的最少个数应为

$$L = B - (N - 1) = (N - 1)(N - 2)/2 \tag{2.1.4}$$

接收机数 N、GNSS 边数 B 和同步闭合环数 L（最少个数）的对应关系如表 2.1.7 所示。理论上，同步环中各 GNSS 边的坐标差分量之和（即坐标闭合差）应为 0，但由于各台 GNSS 接收机间并不严格同步，以及模型误差和处理软件内在的缺陷，同步闭合环的闭合差并不等于 0。GNSS 规范规定了同步闭合差的限差，对于同步较好的情况，应遵守此限差要求。但由于某种原因，同步不十分好时，可适当放宽此项限差。

表 2.1.7　GNSS 接收机数同边数、同步闭合环的关系

接收机数 N	2	3	4	5	6
GNSS 边数 B	1	3	6	10	15
同步闭合环数 L	0	1	3	6	10

在工程应用中，同步闭合环的闭合差的大小只能说明 GNSS 基线向量的解算是否合格，并不能说明 GNSS 基线向量的精度高低，也不能发现接收的信号是否受到干扰而含有粗差。

为了确保 GNSS 观测效果的可靠性，有效地发现观测成果中的粗差，必须使 GNSS 网中的独立边构成一定的几何图形，这种几何图形可以是由数条 GNSS 独立边构成的非同步多边形（亦称非同步闭合环），如三边形、四边形、五边形……当 GNSS 网中有若干个起算点时，也可以由两个起算点之间的数条 GNSS 独立边构成附合路线。当某条基线进行了两个或多个时段观测时，即形成所谓的重复基线坐标闭合差条件。异步环条件及全部基线坐标条件，是衡量精度、检验粗差和系统差的重要指标。GNSS 网的图形设计，也就是根据对所布设的 GNSS 网的精度和其他方面的要求，设计出由独立 GNSS 边构成的多边形网（或称为环形网）。

异步环的构成，一般应按所设计的网图选定，必要时在经技术负责人审定后，也可根据具体情况适当调整。当接收机多于 3 台时，也可按软件功能自动挑选独立基线构成环路。

任务二　GNSS 控制网的图形设计及设计原则

由于 GNSS 控制网点间不需要通视，并且网的精度主要取决于观测时卫星与测站间的几何图形、观测数据的质量、数据处理方法，与 GNSS 网形关系不大，因此，GNSS 控制网与常规网相比较为灵活方便。GNSS 控制网的布设主要取决于用户的要求和用途。GNSS 控制网是由同步图形作为基本图形扩展得到的，采用的连接方式不同，网形结构的形状也不同。GNSS 控制网的布设原则就是将各同步图形合理地衔接成一个整体，使其达到精度高、可靠性强、效率高、经济实用的目的。

一、GNSS 网的图形设计

根据不同的用途，GNSS 网的布设按网的构成形式可分为星形连接、点连式、边连式、网连式及边点混合连接等。如何选择布设网，取决于工程所要求的精度、外业观测条件及 GNSS 接收机数量等因素。

1. 星形网

星形网的几何图形简单，直接观测边之间不构成任何闭合图形，所以检验和发现粗差的能力较差，如图 2.1.3 所示。这种图形的主要优点是作业中只需要两台 GNSS 接收机，作业简单，是一种快速定位作业方式，广泛应用于精度较低的工程测量、边界测量、地籍测量和地形测图等领域。

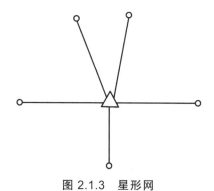

图 2.1.3　星形网

2. 点连式网形

点连式是指仅通过一个公共点将两个相邻同步图形连接在一起。点连式布网主要的优点是作业效率高、图形扩展迅速。但点连式布网所构成的图形几何强度很弱，没有或极少有非同步图形闭合条件，所构成的网形抗粗差能力不强，一般在作业中不单独采用。若在这种网的布设中，在同步图形的基础上再加测几个时段，以增加网的异步图形闭合条件个数和几何强度，即可以大大改善网的可靠性指标。如图 2.1.4（a）、（b）所示为 3、4 台接收机同步观测构成的点连式网形。

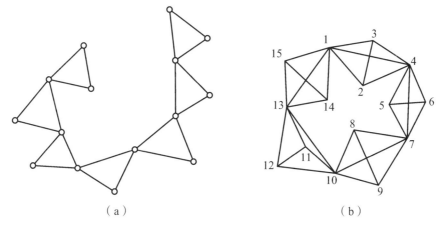

（a）　　　　　　　　　　　　（b）

图 2.1.4　点连式网形

3. 边连式网形

边连式是指通过一条公共边将两个同步图形之间连接起来，如图 2.1.5 所示。边连式布网有较多的重复基线和独立环，有较好的几何强度。其与点连式网形比较，在相同的仪器台数条件下，观测时段数将比点连式大大增加。

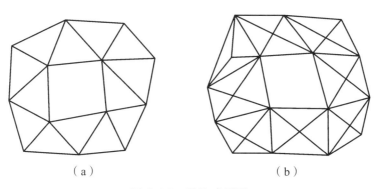

（a）　　　　　　　　　　　　（b）

图 2.1.5　边连式网形

4. 网连式

网连式是指相邻同步图形之间有两个以上的公共点相连接，相邻图形间有一定的重叠。这种作业方法需要 4 台以上的接收机。采用这种布网方式所测设的 GNSS 网具有较强的图形强度和较高的可靠性，但作业效率低，花费的经费和时间较多，一般仅适于要求精度较高的控制网测量。

5. 边点混合连接式

在实际作业中，由于上述几种布网方案都存在缺点，因而常把点连式与边连式有机地结合起来，组成边点混合连接式网，如图 2.1.6 所示。混合连接式是实际作业中较常采用的布网方式，能保证网的几何强度，提高网的可靠指标，能有效地发现粗差，这样既减少了外业工作量，又降低了成本。

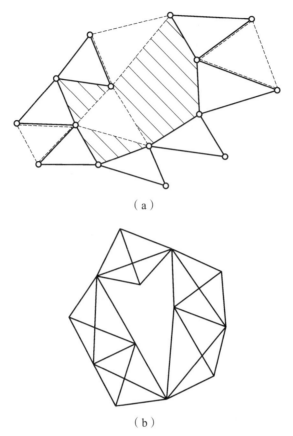

（a）

（b）

图 2.1.6　边点混合连接式网形

二、GNSS 网的图形设计原则

从不同的构网形式可见，在 GNSS 技术设计中应设计出一个比较实用的网形，使其既可以满足一定的精度和可靠性要求，又有较高的经济指标。因此，GNSS 网形设计布设应遵循一定的原则：

（1）GNSS 网应根据测区实际需要和交通状况进行设计，应考虑作业时的卫星情况、预期达到的精度、成果的可靠性以及工作效率，按照优化设计的原则进行。

（2）在布网设计中应考虑到原有测绘成果资料以及各种大比例尺地形图的沿用，宜采用原有坐标系统。对符合 GNSS 网布点要求的旧有控制点，应充分利用其标石。在 GNSS 网中不应存在自由基线，因为自由基线不构成任何闭合图形，不具备发现粗差的能力。

（3）GNSS 网应按"每个观测至少应独立设站观测两次"的原则进行布网，这样不同的接收机观测量构成网的精度和可靠性指标都比较接近。

（4）为求得 GNSS 点在地面坐标系中的坐标，应在地面坐标系中选定起算数据和联测原有地方控制点若干个。大中城市的 GNSS 网应与国家控制网相互连接和转换，并应与附近的国家控制点联测，联测点数不应少于 3 个点；小城市或工程控制网可联测 2 ~ 3 个点。

（5）为了求得 GNSS 网点的正常高，应进行水准测量的高程联测，并应按下列要求实施：

① 高程联测应采用不低于四等水准测量或与其精度相当的方法进行；② 平原地区，高程联测点应不少于 5 个点，并应均匀分布于网中；③ 丘陵或山地，高程联测点应按测区地形特征，适当增加高程联测点，其点数不宜少于 10 个点；④ GNSS 点高程（正常高）经计算分析后，符合精度要求的可供测图或一般工程测量使用。

（6）GNSS 网点之间虽然不要求通视，但考虑到采用常规方法加密时的需要，一些 GNSS 点至少应有一个通视方向。为方便施测、减少多路径效应的影响，GNSS 点位应选在交通便利、视野开拓的地方。

任务三　GNSS 控制网的优化设计

GNSS 控制网的优化设计是实施 GNSS 测量的基础性工作，是在网的精确性、可靠性和经济性方面，寻求 GNSS 控制网基准设计的最佳方案。根据 GNSS 测量特点分析可知，GNSS 网需要以一个点的坐标为定位基准，而此点的精度高低直接影响到网中各基线向量的精度和网的最终精度。同时由于 GNSS 网的尺度含有系统误差以及同地面网的尺度匹配问题，所以有必要提供精度较高的外部尺度基准。

由于 GNSS 网的精度与网的几何图形结构无关，且与观测权相差甚小，而影响精度的主要因素是网中发出基线的数目和基线的权阵，因此，我们提出了 GNSS 网图形结构强度优化设计的概念，讨论增加的基线的数目、时段数、点数对 GNSS 网的精度、可靠性、经济性的影响。同时，经典测量控制网中的三类优化设计，即网的改进加密问题，对于 GNSS 网来说，也就意味着网中增加一些点和观测基线，故仍可将其归结为对图形结构强度的优化设计。

综上所述，GNSS 网的优化设计主要归结为两类设计：

（1）GNSS 网的基准优化设计。

（2）GNSS 网图形结构强度的优化设计。其中包括：网的精度设计、网的抗粗差能力设计、网发现系统误差能力的强度设计。

一、GNSS 控制网基准设计

GNSS 控制网的基准设计是选择一个外部配置，使得 Q_{XX} 达到一定的要求，即 GNSS 网的基准设计主要是对坐标位置参数 X 进行设计。基准选取的不同将会对网的精度产生直接影响，其中包括 GNSS 网基线的向量解中位置基准的选择、GNSS 网转换到地方坐标系所需的基准设计以及 GNSS 网尺度基准设计。

1. 位置基准设计

通过实践研究我们发现，GNSS 基线向量解算中作为位置基准的固定点误差是引起基线误差的一个重要因素，使用单点定位坐标值作为起算坐标时，其误差可达数十米。因此，在基线解算中必须对网的位置基准进行设计。基线解算所需的起算点坐标应按以下优先顺序采用：

（1）国家 GNSS A、B 级网控制点或其他高等级 GNSS 网控制点的已有 WGS-84 坐标。

（2）国家或城市较高等级控制点转换到 WGS-84 坐标系后的坐标值。

（3）若网中无任何其他已知起算数据，可采用网中观测条件较好、观测时间较长（不少于 30 min）的单点定位结果的平差值提供的 WGS-84 系坐标。

2. 尺度基准设计

尽管 GNSS 观测的基线向量本身已含有尺度信息，但由于 GNSS 网的尺度含有系统误差，为有效地降低或消除这种尺度误差，还需要提供外部尺度基准。

GNSS 网的尺度系统误差有两个特点：一是随时间变化。美国政府的 SA 政策使广播星历误差大大增加，从而使基线误差增大。二是随地域变化。这是由区域重力场模型不准确引起的重力摄动造成的。因此，如何有效地降低或消除这种尺度误差，提供可靠的尺度基准就是尺度基准设计要解决的问题。尺度基准设计有以下几种方案：

（1）采用外部尺度基准。对于边长小于 50 km 的 GNSS 网，可用较高精度的测距仪（10^{-6} 或更高）测量 2~3 条基线边，作为整网的尺度基准。对于大型长基线网，可采用 SLR 站的相对定位观测值和 VLBI 基线作为 GNSS 网的尺度基准。

（2）采用内部尺度基准。在没有外部尺度基准的情况下，如图 2.1.7 所示，在网中选择一条长基线，并对该基线进行长时间多次观测，最后取多次观测时段所得到的基线的平均值，以其边长作为网的尺度基准。由于它是不同时段的平均值，尺度误差基本上可以抵消。因此，它的精度要比网中其他短基线高得多，可以作为尺度基准。

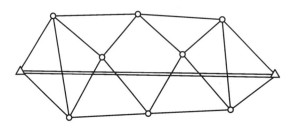

图 2.1.7　GNSS 网尺度基准设计

二、GNSS 控制网的精度设计

1. GNSS 网的精度设计

精度是用来衡量网的坐标参数估值受观测偶然误差影响程度的指标。网的精度设计是根据偶然误差的传播规律，按照一定的精度设计方法，分析网中各未知点平差后预期能达到的精度。精度一般常用坐标的方差-协方差阵来表示，也可用误差椭圆来描述，或者用方位、距离和角度的标准差来定义。

GNSS 网的精度一般用网中点之间的距离误差来表示。然而，对于大多数工程控制网来讲，仅用点位之间距离的相对精度要求是不够的，还需要提供 GNSS 网中各点点位精度和网中的平均点位精度来表示网的精度。即可用网点坐标的方差-协方差阵构成描述精度的纯量精度标准和准则矩阵来实现。纯量精度标准是选择不同的描述全网总精度的变量，构成不同的纯量精度标准，并用其来建立优化设计的精度目标函数。准则矩阵是由网中点的坐标方差-协方差阵构成的具有理想结构的矩阵，它代表了网的最佳精度分布，具有更细致描述网的精度结构的控制标准。但是，对于 GNSS 测量，正如前述，其精度与网的点位坐标无关，与观测时间无明显相关性（整周模糊度一旦被确定以后），GNSS 网平差的法方程只与点间的基线数目有关，且基线向量的三个坐标分量之间又是相关的，因此，很难从数学的角度和实际应用出发建立使未知数的协因数阵逼近理想状态的准则矩阵。所以，目前较为可行的方法是给出坐标协因数阵的某种纯量精度标准函数。设 GNSS 网有误差方程：

$$
\left.\begin{array}{l}
V = B\hat{X} + l \\
D_{\mathrm{u}} = \sigma_0^2 P^{-1}
\end{array}\right\} \tag{2.1.5}
$$

式中，V、l 分别为观测向量及其改正数；$\hat{X}$ 为坐标未知参数向量；P 为观测向量的权阵；σ_0^2 为先验单位权方差（也称先验方差因子，在设计阶段取 $\sigma_0^2 = 1$）。

由最小二乘原理可得参数的估值及其协因数阵为

$$
\left.\begin{array}{l}
\hat{X} = (B^{\mathrm{T}}PB)^{-1} B^{\mathrm{T}}Pl \\
Q_{\hat{X}\hat{X}} = (B^{\mathrm{T}}PB)^{-1}
\end{array}\right\} \tag{2.1.6}
$$

优化设计中常用的纯量精度标准，根据其由 $Q_{\hat{X}\hat{X}}$ 构成的函数不同而又有四种不同的最优纯量精度标准函数。

（1）A 最优性标准：

$$
f = \mathrm{Trace}(Q_{\hat{X}\hat{X}}) = \lambda_1 + \lambda_2 + \cdots + \lambda_t \to \min \tag{2.1.7}
$$

式中，Trace 表示矩阵的迹；λ_1，λ_2，$\cdots$，λ_t 为 $Q_{\hat{X}\hat{X}}$ 的非零特征值。

（2）B 最优性标准：

$$
f = \mathrm{Det}(Q_{\hat{X}\hat{X}}) = \lambda_1 \lambda_2 \cdots \lambda_t \to \min \tag{2.1.8}
$$

式中，Det 表示行列式的值。

（3）C 最优性标准：

$$
f = \lambda_{\max} \to \min \tag{2.1.9}
$$

式中，$\lambda_{\max}$ 为 $Q_{\hat{X}\hat{X}}$ 的最大特征值。

（4）D 最优性标准：

$$
f = \frac{\lambda_{\max}}{\lambda_{\min}} \to \min \tag{2.1.10}
$$

式中，$\lambda_{\max}$ 为 $Q_{\hat{X}\hat{X}}$ 的最小特征值。

以上四个最优纯量精度标准函数中，B、C、D 三个标准需要计算行列式和特征值，而对于高阶矩阵，这些计算都是比较困难的，因此，在实际中应用较少，一般多用于理论研究。

相反，A 最优性标准函数求的是 $\boldsymbol{Q}_{\hat{X}\hat{X}}$ 的迹，计算方便，避免了特征值的计算，因此在实际中应用较多。在实际应用中还可根据工程对网的具体要求，将 A 最优性标准变形为

$$f = \mathrm{Trace}(\boldsymbol{Q}_{\hat{X}\hat{X}}) \leqslant C \qquad (2.1.11)$$

式中，C 为平均点位误差要求限值。

2. GNSS 网精度设计实例

对 GNSS 测量进行网形设计，必须考虑精度要求。GNSS 网精度设计可按下列步骤进行：

（1）根据布网目的，进行图上选点，并到野外踏勘选点，以保证所选点满足测量任务要求和野外观测应具备的条件，用图解方法在图上获得各观测点位的概略坐标。

（2）根据将要使用的接收机台数 N，选取（N-1）条独立基线设计网的观测图形，并选定网中可能追加施测的基线。

（3）根据 GNSS 控制网测量的精度要求，采用解析-模拟方法，依据精度设计模型，计算将要施测的 GNSS 网可达到的各项精度指标值。

（4）逐步增减网中独立观测基线，直至精度指标值达到网所预期的精度指标，并获得最终网形及施测方案。

GNSS 网的精度设计可采用程序进行，图 2.1.8 是 GNSS 网精度设计的程序流程框图。

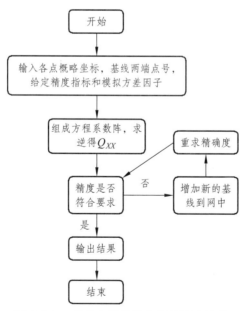

图 2.1.8　GNSS 网的精度设计程序流程

例如：对一个由 8 点组成的 GNSS 模拟网，进行网的精度设计。该网 8 个点的概略大地坐标由图上量取并列于表 2.1.8，点位及网形如图 2.1.9 所示。

在图 2.1.9 中，独立基线为 1—2，1—3，1—4，2—4，2—6，3—4，3—7，5—6，5—7，5—8，6—8，7—8，共计 12 条 GNSS 基线。

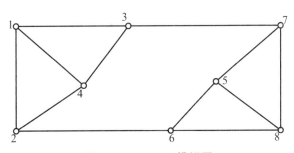

图 2.1.9 GNSS 模拟网

表 2.1.8 GNSS 模拟网坐标值

点号	纬度/（°）	经度/（°）	大地高程/m
1	36.16	112.30	100
2	36.11	112.30	80
3	36.16	112.34	120
4	36.14	112.32	150
5	36.14	112.36	120
6	36.11	112.34	100
7	36.16	112.38	200
8	36.11	112.38	110

假定单位权方差 $\sigma_0^2 = 1$，以 1 号点作为基准点，设计后的平均点位误差要求为 2.2 cm（即 $C = 2.2$ cm）。

假定 GNSS 基线长、方位和高差见表 2.1.9。

表 2.1.9 GNSS 基线长、方差和高差的精度

项目	固定误差	比例误差
边长 D	5 mm	1×10^{-6}
方位 D	3″	1″
高差 H	10 mm	2×10^{-6}

根据图 2.1.9 独立基线构成的 GNSS 网形结构，由式（2.1.7）可求出网的平均谐因数值 $\text{Trace}(\boldsymbol{Q}_{\hat{X}\hat{X}})$，进而求出网的平均点位误差为

$$\bar{m}^2 = \sigma_0^2 \sqrt{\text{Trace}(\boldsymbol{Q}_{\hat{X}\hat{X}})} = 2.9 \text{ cm}$$

可见，没有达到设计的精度要求。因此，需要在网中加测基线，并重新计算协因数及平均点位误差：

增加基线	达到的平均点位误差/cm
3—5 4—5 4—6	2.3 2.2 2.5

由计算结果可以看出，增加 3—5、4—5、4—6（图 2.1.10 中的虚线边）共三条基线后，就达到了设计的精度要求。因此，最终设计图形及需要观测的独立基线如图 2.1.10 所示。

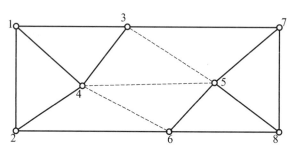

图 2.1.10　增加基线后的 GNSS 模拟网

在实际工作中，精度设计的试算过程都是利用计算机程序进行的。

三、GNSS 网与地面网的联测设计

GNSS 网所获得的点位坐标是属于 WGS-84 坐标系的坐标值。为了将它们转化为我们常用的国家或地方坐标系的坐标值，在设计 GNSS 网时，一定要考虑联测一定数量的原有地面的水平控制网点和高程控制点。

GB《规范》规定，GNSS 测量的坐标成果必须首先转换为 2000 国家大地坐标系坐标值，也可同时转换为 1980 西安坐标系或 1954 北京坐标系坐标值。

1. 联测（重合）点的坐标要求

联测点作为 GNSS 成果转换为地面坐标系的基准点，在 GNSS 测量数据处理中具有重要意义。联测点的地面实用坐标是将 GNSS 定位成果的 WGS-84 坐标系转换至地面坐标系时的起算坐标，所以，要求联测的地面坐标有较高精度。以下几个点均可作为联测点：

（1）测区内现有的最高等级的常规地面控制点。

（2）地方坐标系中的控制网定位、定向的起算点。

（3）国家坐标系和地方坐标系的连接点。

（4）水准点。

2. 平面坐标联测点的密度和分布

GNSS 网与地面网的联测点最少应有两个。其中一个作为 GNSS 网在地面网坐标系内的起算点，两点之间的方位和距离作为 GNSS 网在地面坐标系内定向和计算尺度比的数据。

显然，为了更好地解决 GNSS 网与地面网之间的成果转换问题，应有更多的联测点。研究和实践表明，一个 GNSS 网应联测 3 ~ 5 个精度较高、分布均匀的地面点，作为 GNSS 网与地面网的重合观测点。测区较大时，还应适当增加重合点数。

3. 高程联测点的选择和分布

解算 GNSS 网一般是求得测站点的三维坐标，其中高程是大地高。而实际应用中使用的是正常高。为此，通常是在 GNSS 网中施测或重合少量的几何水准点，用数值拟合法拟合出测区的似大地水准面，进而内插出其他 GNSS 网点的高程异常值，再求出其正常高。

据研究，在平原地区布测的 GNSS 网中，只要用三等实测并且重合全网 1/5 的 GNSS 点的几何水准，用数值拟合法求定 GNSS 网点的正常高，其精度就可以代替四等水准测量。所实测或重合的水准点，大部分应位于 GNSS 网的周围，少量在网中间，以便求得最佳的拟合效果。

任务四　GNSS 测量前的准备工作及设计书的编写

在进行 GNSS 测量工程项目具体的外业观测工作之前，应先做好施测前的资料收集、器材准备、人员组织、外业观测计划拟订以及技术设计书的编写等工作。

一、测区踏勘及收集资料

1. 测区踏勘

接到 GNSS 控制网测量任务后，就可以依据施工设计图纸进行实地踏勘。通过踏勘，结合工程项目的任务和目的，主要要了解下列情况，以便为编写技术设计、施工设计、成本预算提供依据。测区踏勘要了解的情况包括：

（1）测区的地理位置、范围、控制网的面积。

（2）GNSS 控制网的用途和精度等级。

（3）点位分布及点的数量：根据控制网的用途与等级，大致确定控制网的点位分布、点的数量和密度。

（4）交通情况：公路、铁路、乡村便道的分布及通行情况。

（5）水系分布情况：江河、湖泊、池塘、水渠的分布，桥梁、码头及水路交通情况。

（6）植被情况：森林、草原、农作物的分布及面积。

（7）已有控制点的分布情况：三角点、水准点、GNSS 点、导线点的等级，坐标系统、高程系统、点位的数量及分布，点位标志的保存状况等。

（8）居民点分布情况：测区内城镇、乡村居民点的分布、食宿及供电情况。

（9）当地风俗民情：民族的分布、习俗、习惯、方言以及社会治安情况。

2. 资料收集

收集资料是进行控制网测前准备的一项重要工作内容。技术设计前应收集测区或工程有关的各项资料。结合 GNSS 控制网测量工作的特点，并结合测区具体情况，需要收集的资料主要内容包括：

（1）各类图件：测区 1：1 万 ~ 1：10 万比例尺地形图、大地水准面起伏图、交通图。

（2）测区范围原有的各种控制测量资料：点的平面坐标、高程、坐标系统、技术总结等有关资料，国家或其他测绘部门所布设的三角点、水准点、GNSS 点、导线点等控制点测量成果，以及相关的技术总结资料。

（3）测区有关的地质、气象、交通、通信、地震、验潮站等方面的资料。

（4）城市及乡镇、村庄的行政区划分表。

（5）相关的规范、规程等。

二、器材准备及人员组织

根据技术设计的要求，设备、器材准备及人员组织应包括以下内容：

（1）准备观测仪器、计算机及配套设备。

（2）准备交通、通信设施。

（3）准备施工器材、计划油料和其他消耗材料。

（4）组织测量队伍，拟订测量人员名单及岗位，并进行必要的测前培训。

（5）进行测量工作成本的详细预算，并准备经费。

三、外业观测计划的拟订

外业观测工作是 GNSS 测量的主要工作。为了保证外业观测工作能够按计划、保质保量地顺利完成，必须制订严密的观测计划。

1. 拟订观测计划的依据

（1）根据 GNSS 网的精度要求确定所需的观测时间、观测时段数。

（2）GNSS 网规模的大小：网的规模越大，观测计划要越详细周密。

（3）根据点位精度及密度要求。

（4）观测期间 GNSS 卫星星历分布状况，卫星的几何图形强度：PDOP 值不得大于 6，必须制作可见星历预报。

（5）参加作业的 GNSS 接收机类型、数量。

（6）测区交通、通信及后勤保障等。

2. 观测计划的主要内容

（1）编制可视卫星预测图。

在作业组进入测区观测前，应事先编制 GNSS 卫星可见性预报图。可视卫星预测是预报将来某一个观测时间段内，某个测站点上能观测到的卫星数及卫星号。GNSS 卫星可见性可利用 GNSS 的数据处理软件进行预测，通过可视卫星分布图和可视卫星数分布图展示。

例如，启动中海达数据处理软件，在"工具"菜单下的"星历预报"中，输入测区中心某一测站的概略坐标，输入预计工作日期和时间，即可得到在高度截止角不小于 15°的限制下的 GNSS 卫星的可见性预报图（规范中规定应使用距预报日期不超过 20 d 的星历文件），如图 2.1.11 所示。

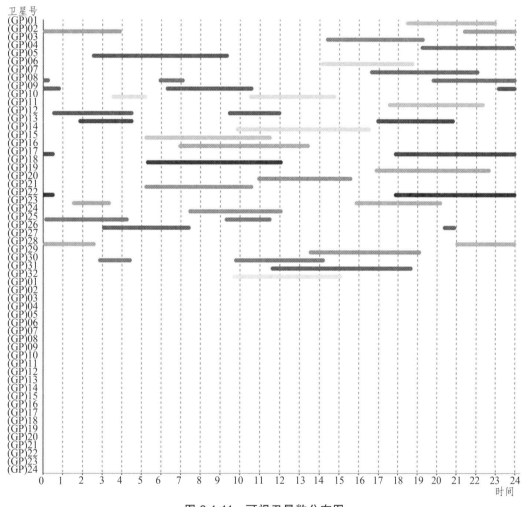

图 2.1.11　可视卫星数分布图

当测区较大、作业时间较长时，应按不同时间和地区分段预报；测区中心位置的概略坐标可通过设计图纸获取，也可利用 GNSS 接收机进行单测量获取。概略星历可以将接收机安置到室外观测一段时间即可获得。

（2）最佳观测时段的选择。

GNSS 定位精度同卫星与测站构成的图形强度有关，所测卫星与观测站所组成的几何图形，其强度因子可用空间位置因子（PDOP）来代表，无论是绝对定位还是相对定位，PDOP值不应大于 6。此时，可视卫星几何分布对应的观测窗口称为最佳观测窗口。

当在进行 GNSS 观测，可观测到卫星数多于 4 颗且分布均匀时，PDOP 值小于 6 的时段就是最佳时段。当卫星高度角大于等于 15°时，某测站上可视卫星的 PDOP 随时间变化曲线的例子如图 2.1.12 所示。它是使用中海达数据处理软件，用测站的概略经、纬度和星历龄期不大于 20 d 的星历所做出的 PDOP 值预报，用以选择最佳观测时段。由图 2.1.12 可知，在整个作业期间，除凌晨 1 点和 5 点左右可见卫星数只有 3 颗左右、PDOP≥4 外，其余时段的可见卫星数≥5 颗、PDOP≤6，均可进行观测。

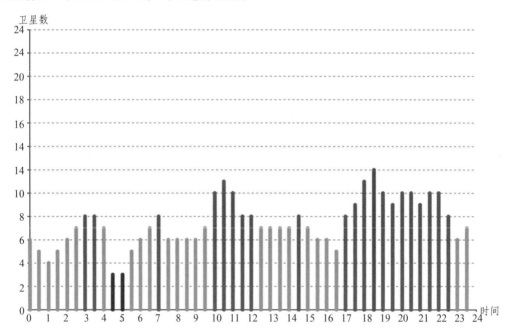

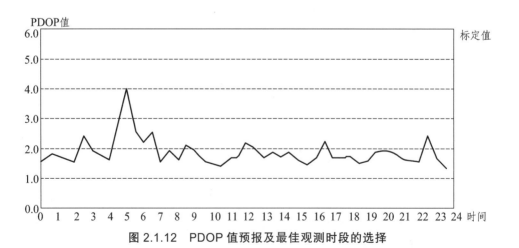

图 2.1.12　PDOP 值预报及最佳观测时段的选择

（3）观测区域的设计与划分。

当 GNSS 网的点数较多，网的规模较大，而参与观测的接收机数量有限，交通和通信不便时，可实行分区观测。为了增强网的整体性，提高网的精度，相邻分区应设置公共观测点，且公共点数不得少于 3 个。

（4）编制作业调度表。

作业组在观测前应根据测区的地形、交通状况、GNSS 网的大小、精度的高低、仪器的数量、GNSS 网的设计、卫星预报表和测区的天气、地理环境等拟订接收机调度计划和编制作业的调度表，以提高工作效率。调度计划制订应遵循以下原则：

① 保证同步观测；

② 保证足够多的重复基线；

③ 设计最优接收机调度路径；

④ 保证最佳观测窗口。

作业调度表包括观测时段、测站号、测站名称及接收机号等，作业调度表如表 2.1.10 所示。

表 2.1.10　GNSS 作业调度表

时段编号	观测时间	测站号/名	测站号/名	测站号/名	测站号/名	测站号/名
		机号	机号	机号	机号	机号
1						
2						

（5）当作业仪器台数、观测时段数及测站数较多时，在每日出测前应采用外业观测通知单进行调度，如表 2.1.11 所示。

表 2.1.11　GNSS 测量外业观测通知单

观测日期　　　　　　　年　　　　　月　　　　　日 组别：　　　　　　　　操作员：　　　　　　　　接收机号： 点位所在图幅： 测站编号／名： 观测时段：1：　　　　　　　　2： 　　　　　　3：　　　　　　　　4： 　　　　　　5：　　　　　　　　6： 安排人：　　　　　　　　　　年　　　　　月　　　　　日

例如：根据图 2.1.13 所示，计划采用 3 台双频 GNSS 接收机（24536、29869、34159）

同步观测，观测时间长度为 60 min，相邻点之间的距离约 1.5 km，搬站时间在 30 min 以内，参考图 2.1.12 的 PDOP 值，编制 GNSS 接收机作业调度表（表 2.1.12）。

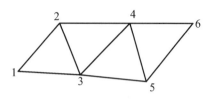

图 2.1.13　GNSS 网形

表 2.1.12　GNSS 接收机作业调度表

时段编号	观测时间	测站号/名	测站号/名	测站号/名	测站号/名
		机号	机号	机号	机号
0	8：00—9：00	1	2	3	
		24536	29869	34159	
1	9：20—10：50	4	2	3	
		24536	29869	34159	
2	11：30—13：00	4	5	3	
		24536	29869	34159	
3	13：30—15：00	4	5	6	
		24536	29869	34159	

注：除了 1 点和 5 点左右外，观测时间可以任选。

四、技术设计书的编写

测区外业踏勘和资料收集完成后，根据测量任务或合同的要求，按照 GNSS 测量的设计原则和方法进行 GNSS 控制网设计，并编写相应的技术设计书，用于指导 GNSS 的外业测量和数据处理。技术设计书是保证 GNSS 测量工程任务圆满完成的一项重要的技术文件。其主要内容包括：

（1）项目来源及工作量：包括 GNSS 项目的来源、性质、用途及意义；项目的总体概况，如工作量。

（2）测区概况：测区隶属的行政管辖；测区范围的地理坐标、控制面积；测区的交通状况和人文地理测区的地形及气候状况；测区控制点的分布以及对控制点的分析、利用和评价。

（3）作业依据：完成该项目所需的所有的测量规范、工程规范、行业标准。

（4）技术要求：根据任务书或合同的要求或网的用途提出具体的精度指标要求、提交成果的坐标系统和高程系统等。

（5）测区已有资料的收集和利用情况：所收集到的测区资料，特别是测区已有的控制点的成果资料，包括控制点的数量、点名、坐标、高程、等级以及所属的系统，点位的保存状况，可利用的情况介绍。

（6）布网方案：在适当比例尺的地形图上进行 GNSS 网的图上设计，包括 GNSS 网点的图形、网点数、连接形式，GNSS 网结构特征的测算、精度估算和点位图的绘制。

（7）选点与埋标：GNSS 的点位基本要求、点位标志的选用及埋设方法、点位的编号等问题。

（8）GNSS 网的外业实施：采用的仪器与测量模式、观测的基本程序与基本要求、观测计划的制订。对数据采集提出应注意的事项，包括外业观测时的具体操作规程、对中整平的精度、天线高的量测方法及精度要求、气象元素测量等。

（9）数据处理：数据处理的基本方法及使用的软件，起算点坐标选择；闭合环和重复基线的检验及点位精度的评定指标。

（10）质量保证措施：要求措施具体，方法可靠，能在实际中贯彻执行。

（11）人员配备情况。

（12）设备配备情况。

（13）验收与上交成果资料。

例：××经济技术开发区 GNSS 控制测量技术设计书

一、任务概述

1. 任务情况

本次 GNSS 控制测量任务和作业内容是位于环京津、环渤海经济圈核心的××省××市××经济技术开发区，为配合开发区的城市总体规划，需要在××经济技术开发区测绘大比例尺地形图。需要在××约 20 km² 的测区范围内建立 D 级 GNSS 网。

2. 测区概况

测区位于××省××市，西距××35 km，东距××144 km、距××260 km，南距××120 km，北距××25 km，是北京、天津、唐山"金三角"经济区域的腹地，市场广阔，腹地深远。

测区面积约为 42 km²，以平原为主，平均海拔 18.7 m。××开发区位于海河下游，属暖温带季风性气候，四季分明，光照充足，积温较高，雨量充沛，无霜期 200 d 左右，年平均气温 11.5~11.7 ℃，年平均降水量 650.9 mm，历年平均无霜期 183 d，最大冻土深度 77 cm，最大降雪厚度 26 cm。

3. 测区范围

测区地理坐标为东经 161°51′，北纬 39°53′~39°57′。

测区位置及面积为 X：718.0 km~724.0 km；Y：58.9 km~62.5 km。

施测范围呈不规则形状，范围面积约 22.0 km²。

4. 测量技术设计依据

（1）CH 2001—92《全球定位系统（GPS）测量规范》

（2）CJJ 73—97《全球定位系统城市测量技术规程》

（3）CH 1002—95《测绘产品检查验收规定》

（4）CH 1003—95《测绘产品质量评定标准》

（5）CJJ 8—85《城市测量规范》

5. 测区已有资料成果情况

测区有 1996 年 12 月 1∶43 500××开发区总体规划图 1 幅，该资料采用 1954 北京坐标系，采用克拉索夫斯基参数。该测区的中央子午线经度 117°。图中包括地形、地物点。由于该图测绘时间久，同时图中无控制点、导线点，因此该图仅供参考。

测区有国家三角点数个，其数据如下表：

点　名	X 坐标	Y 坐标	备　注
点将台	4 421 650.600	20 483 995.600	一等三角点
有色院	4 422 665.054	20 485 530.457	四等三角点
核工部	4 424 282.087	20 484 072.213	四等三角点
设计院	4 423 271.536	20 484 072.213	四等三角点
交干院	4 423 596.223	20 482 518.181	四等三角点
华科院	4 424 528.396	20 482 681.173	四等三角点
京哈大桥	4 423 045.500	20 481 620.261	四等三角点

本数据采用中央子午线经度 117°，1954 大地北京坐标系，采用克拉索夫斯基椭球。

二、GNSS 控制网设计方案

1. 技术要求与布网原则

根据中华人民共和国测绘行业标准《全球定位系统城市测量技术规程》和××经济技术开发区的具体情况，确定该测区可建立 D 级 GNSS 网。GNSS 网中相邻点之间的距离满足下表要求：

表 4　GNSS 网中相邻点之间的平均距离　　　　　　　　单位：km

项目　＼　级别	AA	A	B	C	D	E
平均距离	1 000	300	70	10～15	5～10	0.2～5

根据规程规范，D 级 GNSS 网的精度要求如下表：

项　目	技术要求
平均边长/km	5～10
固定误差 a/mm	≤10
比例误差 b/mm	≤1×10^{-6}
最弱边相对中误差	1/45 000

在实际布网设计时遵循以下几个原则：

（1）GNSS 网一般应采用独立观测边构成闭合图形，如三角形、多边形或附合线路，以增加检核条件，提高网的可靠性。

（2）GNSS 网作为测量控制网，其相邻点间基线向量的精度，应分布均匀。

（3）GNSS 网点应尽量与原有地面控制点相结合。重合点一般不少于 3 个（不足时应联测），且在网中分布均匀，以可靠地确定 GNSS 网与地面之间的转换参数。

（4）GNSS 网点应考虑与水准点重合，而非重合点一般应根据要求以水准测量（或相当精度的测量方法）进行联测或在网中布设一定密度的水准联测点。

（5）为了便于 GNSS 的测量观测和水准联测，减少多路径影响，GNSS 网点一般应设在视野开阔和交通便利的地方。

（6）为了便于用经典方法联测或扩展，可在 GNSS 网点附近布设一通视良好的方位点以建立联测方向，方向点与观测站距离一般应大于 300 m。

（7）GNSS 网必须由非同步独立观测边构成若干个闭合环或附合线路。各级 GNSS 网中每个闭合环或附合线路中的边数应符合的规定如下表：

级别	A	B	C	D	E
闭合环或附合线路的边数	≤5	≤6	≤6	≤8	≤10

2. GNSS 网型方案设计

GNSS 网的图形布设通常有点连式、边连式、网连式及边点混合连接、三角锁连接、导线网连接、星形连接等几种基本方式。本次主要采用边连接式，每次至少用 3 台接收机，组成 GNSS 网，以保证网的几何强度，提高网的可靠指标。

GNSS 网的图形布设如下图，布设点 YJ01、YJ02、YJ03、YJ04、YJ06、YJ07，采用边点混合连接式。

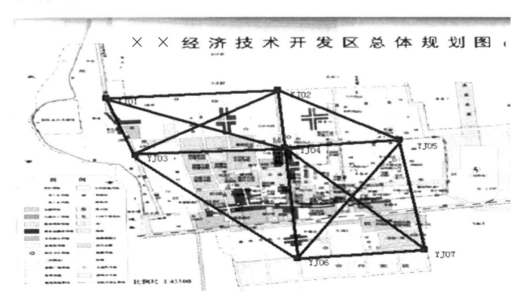

3. 选点与埋标

（1）选点。

由于 GNSS 测量观测站之间不一定要求相互通视，而且网的图形结构也比较灵活，所以选点工作比常规控制测量的选点要简便。但由于点位的选择对于保证观测工作的顺利进行和保证测量结果的可靠性有着重要的意义，所以选点工作还应遵守以下原则：

① 应设在易于安装接受设备、视野开阔的较高点上。

② 目标要明显，视场周围 15°以上不应有障碍物，以减小 GNSS 信号被遮挡或被障碍物吸收的可能。

③ 应远离大功率无线电发射源（如电台、微波站等），其距离不小于 200 m；远离高压输电线和无线电信号传送通道，其距离不得小于 50 m，以避免电磁场对 GNSS 信号的干扰。

④ 附近不应有大面积水域或不应有强烈干扰卫星信号接收的物体，以减弱多路径效应的影响。

⑤ 应选在交通方便，有利于其他观测手段扩展与联测的地方。

⑥ 基础稳定，易于点的保存。

⑦ 人员应按技术设计进行踏勘；在实地按要求选定点位。当利用旧点时，应对旧点的稳定性、完好性以及觇标是否安全、可用性进行检查，符合要求方可利用。

（2）标志埋设。

GNSS 点处应埋设具有中心标志的标石，以精确确定点位。点的标石和标志必须稳定、坚固，以利长久保存和利用。本测区采用下图所示的埋石方式。

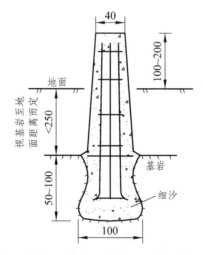

每个点位标石埋设结束后，应按下表填写点的记录，并提交以下资料：

① 点的记录。

② GNSS 网的选点网图。

③ 土地占用批准文件与测量标志委托保管书。

④ 选点与埋石工作技术总结。

GNSS 点之记

日期： 年 月 日 记录者： 绘图者： 校对者：

点名及种类	GNSS 点	名		土质	
		号			
	相邻点（名、号、通视否）			表示说明（单、双层、类型）旧点	
所在地				旧点名	
交通路线					
所在图幅号			该略位置	X	Y
				L	B
	（略图）				
备注					

三、GNSS 作业

1. 仪器类型选择

根据观测级别的不同选用不同类型的仪器，仪器的选择要符合下表要求：

级 别	AA	A	B	C	D、E
单频/双频	双频/全波长	双频/全波长	双频	双频/单频	双频/单频
观测量至少有	L_1L_2 载波相位	L_1L_2 载波相位	L_1L_2 载波相位	L_1 载波相位	L_1 载波相位
同步观测接收机数量/台	≥5	≥4	≥3	≥3	≥2

本测区的 GNSS 网的级别为 D 级，并且采用边连式，所以可以选用单频 L_1 载波相位的接收机至少 3 台。

2. 作业原则与要求

GNSS 外业工作，一方面，要有较多的多余观测，以提高观测成果的精度和可靠性；另一方面，还要考虑各待测点的点位精度的均匀性和各观测时段的独立性。因此，GNSS 外业工作的原则如下：

（1）GNSS 网中各待测点的设站次数应相同。

（2）优先测量点间距离较近的点，同时沿最短距离迁站。

（3）应该联测相距较远的高等级已知点。

（4）GNSS 网中各待测点每次重复设站都使用不同的接收机。

确定观测时段时，需要分析最新的星历预报并根据实地结合的原理选定，选择合适的 PDOP 值以保证观测精度，确保工作顺利进行，减少作业返工量。

各级 GNSS 外业测量均有技术要求，本次控制测量采用 D 级 GNSS 网，按照规程规范，其基本技术要求按下表中相应规定执行：

四等 GNSS 相对定位测量的主要技术规定

同时观测有效卫星数	≥4
卫星截止高度角	15°
有效观测卫星总数	≥4
观测时间段	≥1.6
观测时段长度/min	≥10
数据采样间隔/min	5～15
时段中任一卫星有效观测时间/min	≥3
点位几何图形强度因子 PDOP	<8

3. GNSS 观测及数据记录

天线安置完成后，在离开天线适当位置的地面上安放 GNSS 接收机，接通接收机与电源、天线、控制器的连接电缆，即可启动接收机进行观测。

接收机锁定卫星并开始记录数据后，观测员可按照仪器随机提供的操作手册进行输入和查询操作。

通常来说，在外业观测工作中，仪器操作人员应注意以下事项：

（1）当确认外接电源电缆及天线等各项连接完全无误后，方可接通电源，启动接收机。

（2）开机后接收机有关指示显示正常并通过自检后，方能输入有关测站和时段控制信息。

（3）接收机在开始记录数据后，应注意查看有关观测卫星数量、卫星号、相位测量残差、实时定位结果及其变化、存储介质记录等情况。

（4）一个时段观测过程中，不允许进行以下操作：关闭又重新启动；进行自测试（发现故障除外）；改变卫星高度角；改变天线位置；改变数据采样间隔；按动关闭文件和删除文件等功能键。

（5）每一观测时段中，气象元素一般应在始、中、末各观测记录一次，当时段较长时可适当增加观测次数。

（6）在观测过程中要特别注意供电情况，除在出测前认真检查电池容量是否充足外，作业中观测人员不要远离接收机，听到仪器的低电压报警要及时予以处理，否则可能会造成仪器内部数据的破坏或丢失。对观测时段较长的观测工作，建议尽量采用太阳能电池板或汽车电瓶进行供电。

（7）仪器高一定要按规定始、末各量测一次，并及时输入仪器及记入测量手簿之中。

（8）接收机在观测过程中不要靠近接收机使用对讲机；雷雨季节架设天线要防止雷击，雷雨过境时应关机停测，并卸下天线。

（9）观测站的全部预定作业项目，经检查均已按规定完成，且记录与资料完整无误后方可迁站。

（10）观测过程中要随时查看仪器内存或硬盘容量，每日观测结束后，应及时将数据转存至计算机硬、软盘上，确保观测数据不丢失。

观测所需填写的记录手簿表格如下：

GNSS 作业调度表

时段编号	观测时间	测站号/名	测站号/名	测站号/名	测站号/名	测站号/名	测站号/名
		机号	机号	机号	机号	机号	机号
1							
2							

GNSS 测量外业观测通知单

观测日期 　　年　　月　　日
组别：　　　　　操作员：　　　　接收机号：
点位所在图幅：
测站编号/名：
观测时段：1：　　　　2：
3：　　　　4：
5：　　　　6：
安排人：　　　　　　　　　年　月　日

C、D、E 级测量手簿记录格式

点号		点名		图幅编号	
观测员		日期段号		观测日期	
接收机名称及编号		天线类型及其编号		存储介质编号数据文件名	
近似纬度	°　′　″N	近似经度	°　′　″E	近似高程	m
采样间隔	s	开始记录时间	h　min	结束记录时间	h　min
天线高测定		天线高测定方法主略图		点位略图	
测前：　　　　测后： 测定值＿＿＿　＿＿＿m 修正值＿＿＿　＿＿＿m 天线高＿＿＿　＿＿＿m 平均值＿＿＿　＿＿＿m					

四、数据处理方案

GNSS 测量数据处理需要经过如下图所示的基本步骤：

数据采集 → 数据传输 → 预处理 → 基线解算 → GNSS网平差

1. 数据预处理

为了获得 GNSS 观测基线向量并对观测成果进行质量检核，首先要进行 GNSS 数据的预处理，根据预处理结果对观测数据的质量进行分析并做出评价，以确保观测成果和定位结果的预期精度。GNSS 网数据处理分基线向量解算和网平差两个阶段。各阶段数据处理软件均采用随机所带软件。处理的主要内容有：GNSS 卫星轨道方程的标准化、时钟多项式的拟合和标准化。

2. 基线解算及 GNSS 网平差

（1）基线解算。

基线数据解算采用随机软件包 GPPS（Ver 5.2）或 Solution（Ver 2.1）软件求解，基线解

· 134 ·

算采用消电离层的双差浮点解或加点离层改正的双差整数解（固定解）。其主要技术参数如下：

卫星截止高度角：≥15°

电离层模型为：Standard 模型

对流层模型：Hopfiled 或 Computed 模型

星历：广播星历或精密星历

采用 L_1 频率或 L_1L_2 两个频率

（2）GNSS 网平差。

GNSS 网的平差计算应用 Solution2.6 软件在 WGS-84 空间直角坐标系下进行三维无约束平差，以检查本次 GNSS 网的内符合精度。同时为将 WGS-84 坐标系下的 GNSS 基线观测值投影到高斯平面上，并转换到 1980 西安坐标系或 1954 北京坐标系中（或地方独立坐标系），采用 GNSSADJ（Ver 2.0）软件包或 Solution（Ver 2.1）软件包进行二维约束平差。

五、提交的成果资料

GNSS 测量任务完成后，上交如下资料：

（1）测量任务书与专业设计书。

（2）点之记、环视图和测量标志委托保管书。

（3）外业观测记录（包括原始记录的存储介质及其备份）、测量手簿及其他记录（包括偏心观测）。

（4）接收设备、气象及其他仪器的检验资料。

（5）外业观测数据质量分析及野外检核计算资料。

（6）数据加工处理中生成的文件（含磁盘文件）、资料和成果表。

（7）GNSS 网展点图。

（8）技术总结和成果检查报告。

本项目小结

在本项目中我们主要学习了 GNSS 网的技术设计。GNSS 网的技术设计包括基准设计、网形设计、精度设计和加密设计。此外，本项目还详细讲解了施测前的准备工作及设计书的编写内容。

通过本项目的学习，学生应掌握 GNSS 网的各种设计要考虑的因素和设计原则，能够完成测前的准备工作，能够看懂设计书的内容并实施。

习　题

1. GNSS 网技术设计的主要技术依据是什么？

2. GB《规范》把 GNSS 测量按精度分为几级？其中 B 级和 C 级主要用于什么测量？

3. GNSS 网的精度要求是什么？精度指标通常是以什么来表示的？

4. 简述 GNSS 网的精度设计的步骤和方法。

5. GNSS 控制网的构成形式有哪些？各有哪些优缺点？

6. 简述 GNSS 控制网的图形设计原则。

7. 以 4 台接收机为例，说明 GNSS 控制网同步观测图形的构成形式、独立边的选择。

8. GNSS 测量的技术设计中，应收集哪些资料？

9. GNSS 测量进行测区踏勘时应了解哪些情况？

10. 如何选择最佳观测时段？

11. 如何编制作业调度计划？

12. GNSS 技术设计书的内容有哪些？

项目三 各级 GNSS 控制测量的实施

子项目一 GNSS 测量的外业实施

GNSS 测量与常规测量相似，在实际工作中也可划分为方案设计、外业实施及内业数据处理三个阶段。GNSS 测量的技术方案设计已在项目二讲授；内业数据处理的详细内容将在项目三中的子项目二中专门讲授。本子项目主要介绍 GNSS 测量的外业实施各阶段的工作。GNSS 测量外业实施包括 GNSS 点的野外选点、埋设标志、观测数据的采集、数据传输及数据预处理等工作。

任务一 GNSS 测量的作业模式

一、经典静态定位模式

（1）作业方式。采用两台（或两台以上）接收设备，分别安置在一条或数条基线的两个端点，同步观测 4 颗以上卫星，每时段长 45 min～2 h 或更多。作业布置如图 3.1.1 所示。

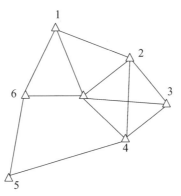

图 3.1.1 静态定位

（2）精度：基线的相对定位精度可达 $5\ mm + 1 \times 10^{-6} \cdot D$，$D$ 为基线长度（km）。

（3）适用范围：建立全球性或国家级大地控制网；建立地壳运动监测网；建立长距离检校基线；进行岛屿与大陆联测、钻井定位及建立精密工程控制网等。

（4）注意事项：所有已观测基线应组成一系列封闭图形（见图 3.1.1），以利于外业检核，提高成果可靠度，并且可以通过平差进一步提高定位精度。

二、快速静态定位

（1）作业方法：在测区中部选择一个基准站，并安置一台接收设备连续跟踪所有可见卫星；安置另一台接收机依次到各点流动设站，每点观测数分钟。作业布置如图 3.1.2 所示。

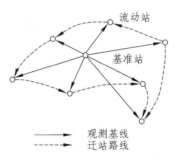

图 3.1.2　快速静态定位

（2）精度：流动站相对于基准站的基线中误差为 $5\,mm \pm 1 \times 10^{-6} \cdot D$。

（3）应用范围：控制网的建立及其加密、工程测量、地籍测量、大批相距百米左右的点位定位。

（4）注意事项：在测量时段内应确保有 5 颗以上卫星可供观测；流动点与基准点相距应不超过 20 km；流动站上的接收机在转移时，不必保持对所测卫星连续跟踪，可关闭电源以降低能耗。

（5）优缺点：

优点：作业速度快、精度高、能耗低；缺点：两台接收机工作时，构不成闭合图形（见图 3.1.2），可靠性差。

三、准动态定位

（1）作业方法：在测区选择一个基准点安置接收机连续跟踪所有可见卫星；将另一台流动接收机先置于 1 号站（见图 3.1.3）观测；在保持对所测卫星连续跟踪而不失锁的情况下，将流动接收机分别安置在 2，3，4，…各点观测数秒钟。

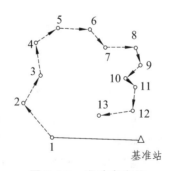

图 3.1.3　准动态定位

（2）精度：基线的中误差为 1～2 cm。

（3）应用范围：开阔地区的加密控制测量、工程测量、碎部测量及线路测量等。

（4）注意事项：应确保在观测时段上有 5 颗以上卫星可供观测；流动点与基准点距离不超过 20 km；观测过程中流动接收机不能失锁，否则应在失锁的流动点上延长观测时间 1～2 min。

四、往返式重复设站

（1）作业方法：建立一个基准点安置接收机连续跟踪所有可见卫星；流动接收机依次到每点观测 1～2 min；1 h 后逆序返测各流动点 1～2 min。设站布置如图 3.1.4 所示。

（2）精度：相对于基准点的基线中误差为 $5\ mm + 1 \times 10^{-6} \cdot D$。

（3）应用范围：控制测量及控制网加密、取代导线测量及三角测量、工程测量及地籍测量。

（4）注意事项：流动点与基准点距离不超过 15 km；基准点上空开阔，能正常跟踪 3 颗及以上卫星。

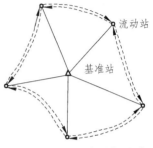

图 3.1.4　往返式重复设站

五、动态定位

（1）作业方法：建立一个基准点安置接收机连续跟踪所有可见卫星；流动接收机先在出发点上静态观测数分钟；然后流动接收机从出发点开始连续运动；按指定的时间间隔自动运动至载体的实时位置。作业布置如图 3.1.5 所示。

（2）精度：相对于基准点的瞬时点位精度 1～2 cm。

（3）应用范围：精密测定运动目标的轨迹、测定道路的中心线、剖面测量、航道测量等。

（4）注意事项：需同步观测 5 颗卫星，其中至少 4 颗卫星要连续跟踪；流动点与基准点距离不超过 20 km。

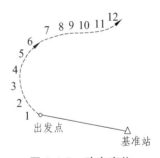

图 3.1.5　动态定位

六、实时动态测量的作业模式与应用

1. 实时动态（RTK）定位技术简介

实时动态（Real Time Kinematic，RTK）测量技术，是以载波相位观测量为根据的实时差分 GNSS（RTD GNSS）测量技术，是 GNSS 测量技术发展中的一个新突破。

实时动态测量的基本思想是：在基线上安置一台 GNSS 接收机，对所有可见 GNSS 卫星进行连续测量，并将其观测数据通过无线电传输设备实时地发送给用户观测站。在用户站上，GNSS 接收机在接收 GNSS 卫星信号的同时，通过无线电接收设备，接收基准站传输的观测数据，然后根据相对定位的原理，实时地计算并显示用户站的三维坐标及其精度。

2. RTK 作业模式与应用

根据用户的要求，目前实时动态测量采用的作业模式主要有：

（1）快速静态测量。

采用这种测量模式，要求 GNSS 接收机在每一用户站上静止地进行观测。在观测过程中，用户站根据观测数据连同接收到的基准站的同步观测数据，即可实时地解算整周未知数和用户站的三维坐标。如果解算结果的变化趋于稳定，且其精度已满足设计要求，便可适时地结束观测。

采用这种模式作业时，用户站的接收机在流动过程中，可以不必保持对 GNSS 卫星的连续跟踪，其定位精度可达 2 cm。这种方法可应用于城市、矿山等区域性的控制测量、工程测量和地籍测量等。

（2）准动态测量。

同一般的准动态测量一样，这种测量模式通常要求流动的接收机在观测工作开始之前，首先在某一起始点上静止地进行观测，以便采用快速解算整周未知数的方法实时地进行初始化工作。初始化后，流动的接收机在每一观测站，只需静止观测数历元，并连同基准站的同步观测数据，即可实时地解算流动站的三维坐标。目前，其定位的精度可达厘米级。

该方法要求接收机在观测过程中，保持对所测卫星的连续跟踪。一旦发生失锁，便需重新进行初始化的工作。

准动态实时测量模式，通常主要应用于地籍测量、碎部测量、路线测量和工程放样等。

（3）动态测量。

动态测量模式，一般需首先在某一起始点上静止地观测数分钟，以便进行初始化工作。之后，运动的接收机按预定的采样时间间隔自动地进行观测，并连同基准站的同步观测数据，实时地确定采样点的空间位置。目前，其定位的精度可达厘米级。

这种测量模式仍要求在观测过程中，保持对观测卫星的连续跟踪。一旦发生失锁，则需重新进行初始化的工作。这时，对陆上的运动目标来说，可以在卫星失锁的观测点上静止地观测数分钟，以便重新初始化；或者利用动态初始化（AROF）技术，重新初始化。而对海上和空中的运动目标来说，则只有应用 AROF 技术，重新完成初始化的工作。

实时动态测量模式主要应用于航空摄影测量和航空物探中采样点的实时定位、航空测量、道路中线测量以及运动目标的精度导航等。

任务二　GNSS 控制点的选择

1. GNSS 控制点的选择原则

由于 GNSS 测量观测站之间不一定要求相互通视，而且网的图形结构比较灵活，所以选点工作比常规控制测量的选点要简便。但由于点位的选择对保证观测工作顺利进行和保证测量结果的可靠性具有重要意义，所以在选点工作开始之前，除要收集和了解有关测区的地理情况和原有控制点分布及标架、标型、标石的完好状况，决定其适宜的点位外，选点工作还应遵守以下原则：

（1）点位应设在易于安装接收设备、视野开阔的较高点上。

（2）点位目标要显著，视场周围15°以上不应有障碍物，以减少 GNSS 信号被遮挡或障碍物吸收的可能。

（3）点位应远离大功率无线电发射源（如电视机、微波炉等），其距离不少于200 m；远离高压输电线，其距离不得少于50 m：以避免电磁场对 GNSS 信号的干扰。

（4）点位附近不应有大面积水域或不应有强烈干扰卫星信号接收的物体，以减弱多路径效应的影响。

（5）点位应选在交通方便、有利于其他常规测量手段扩展与联测的地方。

（6）地面基础稳定，易于点的长期保存。

（7）选点人员应按技术设计进行实地踏勘，在测区按要求选定点位。

（8）充分利用符合要求的已有控制点。

（9）当所选点位需要进行水准联测时，选点人员应实地踏勘水准路线，选择联测的水准点并且绘制出联测路线图。

（10）各级 GNSS 点可视需要设立与其通视的方位点，方位点应目标明显，方便观测，且距 GNSS 网点一般不小于300 m。

（11）当利用旧点时，应对旧点的稳定性、完好性、可靠性以及觇标是否安全、是否可用作一一检查，符合要求方可利用。

（12）不论新选的点还是利用原有的点（包括辅助点和方位点），均应在实地绘制点之记，现场详细记录，不得追记。

（13）点位周围高于10°上方有障碍物时，应绘制点的环视图，如图3.1.6所示。

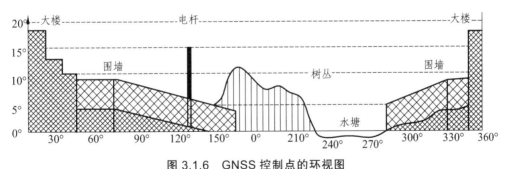

图 3.1.6　GNSS 控制点的环视图

2. 标志埋设

标志埋设工作一般分为标石的制作、现场埋设、标石外部的整饰等工序，且均严格按照GB《规范》的有关规定执行。GNSS 网点处一般应埋设具有中心标志的标石，以精确标志点位。点的标石和标志必须稳定、坚固以利于长久保存和利用。在基岩露头地区，也可以直接在基岩上嵌入金属标志。

表 3.1.1　GNSS 点点之记

地名	南疙垣	级别	B	概略位置	$B = 34°50'$，$L = 111°10'$，$H = 484\ m$		
所在地	山西省平陆县城关镇上岭村			最近住所及距离	平陆县城县招待所，距点位 8 km		
地形	山地	土质	黄土	冻土深度		解冻深度	
最近设施	平陆县城邮电局			供电情况	上岭村每天可提供交流电		
	上岭村有自来水，距点 800 m			石子来源	点位附近	沙子来源	县城建筑公司

本点交通情况	由三门峡乘车轮渡过黄河，向北 8 km 到山西平陆县城，再由平陆县城乘车向东约 7 km 至上岭村，再步行 800 m 到点位处，每天有两班车，两轮人力车可到达点位	交通路线图	 1 : 200 000
选点情况			点位略图

			 单位：m 1 : 200 00
地质概要、构造背景			地形地质构造略图

埋石情况		标石断面图	接收天线计划位置
单位		 单位：mm	天线可直接安置在标石顶面上
利用旧点及情况	利用原有的墩标		
保管人	陈××		
保管人单位及职务	山西省平陆县上岭村会计		
保管人住址	山西省平陆县上岭村		
备注			

每个点标石埋设结束后，应按表 3.1.1 填写点之记并提交以下资料：

（1）填写好的点之记。

（2）土地占用批准文件与测量标志委托保管书。

（3）埋石建造拍摄的照片：包括钢筋骨架、标石坑、基座、标志、标石整饰以及标石埋设的远景照片。

（4）选点与埋石工作技术总结。

3. GNSS 点的命名

GB《规范》规定如下：

（1）GNSS 点命名时，应以该点所在地命名，无法区分时可在点名后加注（一）、（二）等予以区分。少数民族地区应使用规范的音译汉语名，在音译后附注上原文。

（2）新旧点重合时，应采用旧点名，不得更改。如原点位所在地名称已变更，应在新点名后以括号注明旧点名。如与水准点重合时，应在新点名后以括号注明水准点等级和编号。

（3）点名书写应工整、正规，一律以国务院公布的简化汉字为准。

当对 GNSS 点编制点号时，应整体考虑、统一编号，点号应唯一，且适于计算机管理。

任务三　外业观测工作

1. 外业观测工作依据的基本技术规定

GNSS 观测工作与常规测量在技术要求上有很大的区别，GB《规范》规定 A 级 GNSS 网观测的技术要求按 CH/T2008 的有关规定执行；B、C、D、E 级 GNSS 网的技术要求按表 3.1.2 中规定执行。表 3.1.3 为 GB《工测规范》的技术要求。B、C、D、E 级 GNSS 网测量可以不观测气象元素，而只记录天气状况。GNSS 测量时，观测数据文件名中应包含测站名和测站号、观测单位、测站类型、日期、时段号等信息。雷雨、风暴天气不宜进行 B 级网的 GNSS 观测。

表 3.1.2　各级 GNSS 测量作业的基本技术要求

级别 项目	B	C	D	E
卫生截止高度角/（°）	10	15	15	15
同时观测有效卫星数	≥4	≥4	≥4	≥4
有效观测卫星总数	≥20	≥20	≥4	≥4
观测时段数	≥3	≥2	≥1.6	≥1.6
时段长度	≥23 h	≥4 h	≥60 min	≥40 min
采样间隔/s	30	10～30	5～15	5～15

注：①　计算有效卫星总数时，应将各时段的有效观测卫星数扣除期间的重复卫星数。

②　观测时段长度，应为开始记录数据到结束纪录的时间段。

③　观测时段数≥1.6，指采用网观测模式时，每站至少观测一段，其中二次设站点数应不少于 GNSS 网总点数的 60%。

④　采用基于卫星定位连续运行基准站点观测模式时，可连续观测，但观测时间应不低于表中规定的各时段观测时间之和。

表 3.1.3　各级 GNSS 测量作业的基本技术要求

等级		二等	三等	四等	一级	二级
接收机类型		双频或单频	双频或单频	双频或单频	双频或单频	双频或单频
仪器标称精度		$(10+2\times10^{-6})$ mm	$(10+5\times10^{-6})$ mm	$(10+5\times10^{-6})$ mm	$(10+5\times10^{-6})$ mm	$(10+5\times10^{-6})$ mm
观测量		载波相位	载波相位	载波相位	载波相位	载波相位
卫星高度角 /（°）	静态	≤15	≤15	≤15	≤15	≤15
	快速静态	—	—	—	≤15	≤15
有效观测卫星数	静态	≥5	≥5	≥4	≥4	≥4
	快速静态	—	—	—	≤5	≤5
观测时段长度/min	静态	≥90	≥60	≥45	≥30	≥30
	快速静态	—	—	—	≤15	≤15
数据采样间隔/s	静态	10～30	10～30	10～30	10～30	10～30
	快速静态	—	—	—	5～15	5～15
几何图形强度因子 PDOP		≤6	≤6	≤6	≤8	≤8

2. 观测区的划分

B、C、D、E 级 GNSS 网的布设视测区范围的大小，可实行分区观测。此时，相邻分区间至少应有 4 个公共点。

3. 接收机（天线）安置

GNSS 接收机在进行观测前，应进行预热和静置，可按照接收机操作手册进行。

（1）在正常点位，天线应架设在三脚架上，并安置在标志中心的上方直接对中，天线基座上的圆水准气泡必须整平。刮风天气安置天线时，应将天线进行三向固定，以防倒地碰坏。雷雨天气安置时，应该注意将其底盘接地，以防雷击天线。

（2）在特殊点位，当天线需要安置在三角点觇标的观测台或回光台上时应先将觇顶拆除，防止遮挡 GNSS 信号。

（3）天线的定向标志应指向正北，并顾及当地磁偏角的影响，以减弱相位中心偏差的影响。天线定向误差依定位精度不同而异，一般不应超过 ±5°。

（4）架设天线不宜过低，一般应距地 1 m 以上。天线架设好后，在圆盘天线间隔 120° 的三个方向分别量取天线高，三次测量结果之差不应超过 3 mm，取其三次结果的平均值记入测量手簿中，天线高记录取值 0.001 m。

（5）测量气象参数：在高精度 GNSS 测量中，要求测定气象元素。每时段气象观测应不少于 3 次（时段开始、中间、结束），气压读至 10 Pa，气温读至 0.1℃，对一般城市及工程测量只记录天气状况。

（6）复查点名并记入测量手簿中，将天线电缆与仪器进行连接，经检查无误后，方能通电启动仪器。

4. 开机观测

观测作业的主要目的是捕获 GNSS 卫星信号，并对其进行跟踪、处理和量测，以获得所需要的定位信息和观测数据。天线安置完成后，在距天线适当位置的地面上安放 GNSS 接收机，接通接收机与电源、天线、控制器的连接电缆，并经过预热和静置，即可启动接收机进行观测。

通常来说，在外业观测工作中，仪器操作人员应注意以下事项：

（1）当确认外接电源电缆及天线等各项连接完全无误后，方可接通电源，启动接收机。

（2）开机后接收机有关指示显示正常并通过自测后，方能输入有关测站和时段控制信息。

（3）接收机在开始记录数据后，应注意查看有关观测卫星数量、卫星号、相位测量残差、实时定位结果及其变化、存储介质记录等情况。

（4）一个时段观测过程中，不允许进行以下操作：

① 关闭又重新启动；

② 进行自测试（发现故障除外）；

③ 改变卫星高度角；

④ 改变天线位置；

⑤ 改变数据采样间隔；

⑥ 按动关闭文件和删除文件等功能键。

（5）每一观测时段中，气象元素一般应在始、中、末各观测记录一次，当时段较长时可适当增加观测次数。

（6）在观测过程中要特别注意供电情况，除在出测前认真检查电池容量是否充足外，作业中观测人员不要远离接收机，听到仪器的低电报警要及时予以处理，否则可能会造成仪器内部数据的破坏或丢失。对观测时段较长的观测工作，建议尽量采用太阳能电池或汽车电瓶进行供电。

（7）仪器高一定要按规定始、末各测一次，并及时输入及记入测量手簿之中。

（8）接收机在观测过程中不要靠近接收机使用对讲机；雷雨季节架设天线要防止雷击，雷雨过境时应关机停测，并卸下天线。

（9）观测站的全部预定作业项目，经检查均已按规定完成，且记录与资料完整无误后方可迁站。

（10）观测过程中要随时查看仪器内存或硬盘容量，每日观测结束后，应及时将数据转存至计算机硬、软盘上，确保观测数据不丢失。

（11）在观测过程中，不应在天线附近 50 m 以内使用电台，10 m 以内使用对讲机和手机。

（12）除特殊情况外，不宜进行偏心观测。若进行偏心观测，应测定归心元素，其方法按GB《规范》的附录 E 或者 GB/T 17942 执行。

5. 观测记录

在外业观测工作中，务必妥善记录所有信息资料。A 级网外业成果记录和要求按 CH/T 2008 的规定执行，B、C、D、E 级 GNSS 网外业成果记录类型应包括以下内容：

（1）观测记录。

观测记录由 GNSS 接收机自动进行，均记录在存储介质（如硬盘、硬卡或记忆卡等）上，其主要内容有：

① 载波相位观测值及相应的观测历元；
② 同一历元的测码伪距观测值；
③ GNSS 卫星星历及卫星钟差参数；
④ 实时绝对定位结果；
⑤ 测站控制信息及接收机工作状态信息。

（2）测量手簿。

测量手簿是在接收机启动前及观测过程中，由观测者随时填写的。其记录格式在现行《规范》和《规程》中略有差别，视具体工作内容选择。为便于使用，这里列出《规程》中城市与工程 GNSS 网观测记录格式（见表 3.1.4）供参考。

表 3.1.4 中，记事栏应记载观测过程中发生的重要问题、问题出现的时间及其处理方式等。

表 3.1.4　GNSS 测量手簿记录格式

点 号		点 名		图幅编号	
观测记录员		观测日期		时段号	
接收机型号及编号		天线类型及其编号		存储介质类型及编号	
原始观测数据文件名		Rinex 格式数据文件名		备份存储介质类型及编号	
近似纬度		近似经度		近似高程	
采样间隔		开始记录时间		结束记录时间	
天线高测定		天线高测定方法及略图		点位略图	
测前：　　　　　测后： 测定值：＿＿＿＿m＿＿＿＿m 修正值：＿＿＿＿m＿＿＿＿m 天线高：＿＿＿＿m＿＿＿＿m 平均值：＿＿＿＿m＿＿＿＿m					
时间（UTC）		跟踪卫星数		PDOP	
记录					

观测记录和测量手簿都是 GNSS 精密定位的依据，必须认真、及时填写，坚决杜绝事后补记或追记。

外业观测中存储介质上的数据文件应及时拷贝一式两份，分别保存在专人保管的防水、防静电的资料箱内。存储介质的外面，适当处应制贴标签，注明文件名、网区名、点名、时段名、采集日期、测量手簿编号等。

接收机内存数据文件在转录到外存介质上时，不得进行任何剔除或删改，不得调用任何对数据实施重新加工组合的操作指令。

GNSS 测量手簿记录内容及要求如下：

① 点号、点名、观测员、记录员；站时段号、日时段号；存储介质及编号、备份存储介质及编号。

② 图幅编号：填写点位所在 1∶50 000 地形图图幅编号。

③ 时段号、观测日期：每个测站时段号按顺序连续编号，如 01、02、03…观测时间填写年、月、日，并打一斜杠填写年积日。

④ 接收机型号及编号、天线类型及编号：填写全名，如"Ashtexch ZXtreme""扼流圈双波天线"，主机及天线编号（S/N、P/N）从主机及天线上查取，填写完整。

⑤ 原始数据文件名、Rinex 格式数据文件名。

⑥ 近似纬度、近似经度、近似高程：纬度值填写至 1′，近似高程填写至 100 m。

⑦ 采用间隔、开始和结束记录时间：采样间隔填写接收机实际设置的数据库采样率。

⑧ 天线高及其测量方法略图：各项规定值取至 0.001 m。

⑨ 点位略图：按点附近地形地物绘制，应有三个标定点位的地物点，比例尺大小按点位具体情况而定。点位环境发生变化后，应注明新增障碍物的性质，如树林、建筑物等。

⑩ 测站作业记录：记载有效卫星观测数、PDOP 值等，B 级每 4 h 记录一次，C 级每 2 h 记录一次，D、E 级观测开始和结束各记录一次。

⑪ 记事：记载天气状况，填写开机时的状况，按晴、多云、阴、小雨、中雨、大雨、小雪、中雪、大雪、风力、风向选一项记录，同时记录云量和分布；记录是否进行偏心观测，其记录在何手簿，以及整个观测过程中出现的问题、出现时间及处理情况。

⑫ 其他记录，包括偏心观测资料等。

6. 记录要求

GB《规范》规定要求如下：

（1）观测前和观测过程中应按要求及时填写各项内容，书写要认真仔细、字迹工整、清晰、美观。

（2）观测手簿各项观测记录一律使用铅笔，不得刮擦、涂改，不应转抄或追记，如有读、记错误，应整齐划掉，将正确数据写在上边并标注原因。其中天线高、天气等原始数据不应重复涂改。

（3）观测手簿整饰，存储介质注明和各种计算一律使用蓝黑墨水书写。

（4）外业观测中接收机内存介质上的数据文件应及时复制一式两份，并在外存储介质外面的适当处制贴标签，注明网区名、点名、点号、观测单元号、时段号、文件名、采集日期、测量手簿编号等。两份存储介质应分别保存在专人保管的防水、防静电的资料箱内。

（5）接收机内存数据文件在转录到外存介质上时，不得进行任何剔除和删改、编辑。

测量手簿应事先连续编印页码并装订成册，不得缺损。其他记录，也应分别装订成册。

任务四　成果验收和上交资料

外业观测及内业数据处理完成后应进行成果验收并上交有关资料。如果数据处理工作也是由外业观测单位自己来完成的，那么成果验收和上交资料可在数据处理工作结束后进行（进行低等级小范围的 GNSS 测量时通常采用这种模式）。如果外业观测工作结束后，数据处理工作将交由专门机构来进行（例如 A 级网、B 级网等高精度 GNSS 网），则在上交外业观测资料时也应对外业观测资料进行检查验收。

1. 成果验收

成果验收按 CH 1002 的有关规定进行。交送验收的成果包括观测记录的存储介质及其备份。记录的内容和数量应齐全，完整无缺。各项注记和整饰应符合要求。

验收的重点如下：

（1）实施方案是否符合规范和技术设计的要求。

（2）补测、重测和数据剔除是否合理。

（3）数据处理软件是否符合要求，处理项目是否齐全，起算数据是否正确。

（4）各项技术指标是否符合要求。

验收完成后应写出成果验收报告。在验收报告中，应根据 CH 1003 的有关规定对成果质量进行评定。

2. 技术总结

在 GNSS 测量工作完成后，应按要求编写技术总结报告，作为成果验收和上交资料重要技术文件。其具体内容包括外业和内业两大部分。

（1）外业技术总结内容：

① 测区及其位置，自然地理条件与气候特点、交通、通信及供电等情况。

② 任务来源，项目名称，测区已有测量成果情况，本次施测的目的及基本精度要求。

③ 施工单位，施测起讫时间，技术依据，作业人员的数量及技术状况。

④ 作业仪器类型、精度、检验及使用状况。

⑤ 点位观测质量的评价，埋石与重合点情况。

⑥ 联测方法、完成各级点数量、补测与重测情况以及作业中存在问题的说明。

⑦ 外业观测数据质量分析与野外数据检核情况。

（2）内业技术总结内容：

① 数据处理方案、所采用的软件、所采用的星历、起算数据、坐标系统以及无约束、约束平差情况。

② 误差检验及相关参数与平差结果的精度估计等。

③ 上交成果中尚存在的问题和需要说明的其他问题、建议或改进意见。

④ 综合附表与附图。

3. 上交资料

（1）测量任务书或测量合同书、技术设计书。

（2）点之记、测站环视图、测量标志委托保管书、选点资料和埋石资料。

（3）接收设备、气象仪器及其他仪器的检验资料。

（4）外业观测记录、测量手簿及其他记录。

（5）数据处理中生成的文件、资料和成果表。

（6）GNSS 网展点图。

（7）技术总结和成果验收报告。

注意：若数据处理工作由专门机构进行，则外业作业单位在上交观测数据时，除不含第（5）项外，第（7）项也仅含外业观测工作。

本项目小结

本项目主要讲述 GNSS 测量的外业实施与过程。进行 GNSS 网测量时，学生应了解 GNSS 相对测量作业模式，掌握 GNSS 控制网测量最常用的静态测量模式，在 GNSS 控制点的选择中要依据选择原则，同时学习 GNSS 控制点的选择方法，了解 GNSS 控制点的埋设工作，学会进行卫星的可见性预报，选择最佳观测时段，论证点位的可靠性，掌握 GNSS 控制点点之记绘制。

完成一个 GNSS 控制网的点的选埋工作之后，必须学习 GNSS 数据采集和要求，掌握静态测量数据采集、准动态测量数据采集、实时动态（RTK）测量数据采集的技术方法，这是 GNSS 的作业基础，以指导性实例具体学习。

在学习本项目内容时，学生要掌握 GNSS 测量作业模式，结合实习作业，掌握 GNSS 数据采集的基本概念和各种数据采集特征条件的内容，重点掌握 GNSS 控制网点的选择及原则，能够进行观测成果外业检核，熟悉 GNSS 数据采集内容与要求，能够编写 GNSS 测量成果验收和资料上交内容。

习　题

1. GNSS 测量外业实施的作业模式有哪些？

2. GNSS 网野外选点的原则有哪些？

3. 何谓最佳观测时段？

4. 如何用数据处理软件查看卫星预报星历？

子项目二　GNSS 测量数据处理

任务一　了解 GNSS 测量中的数据格式

常用的 GNSS 接收机输出的数据格式为原始观测量，如对于中海达 HDS2003 数据处理软件而言，需要使用的是 GNSS 接收机输出的原始观测量。大部分 GNSS 接收机输出的原始观测量为二进制数据，其格式各不相同。

HDS2003 数据处理软件（使用中海达网站上提供的最新版本）除能处理自定义的格式外，还能处理其他几种常见的 GNSS 接收机的数据格式。另外，它还支持标准的 RINEX 文本格式。数据格式名称如图 3.2.1 所示。

格式名称	文件后缀
中海达 ZHD 观测数据	*.zhd
中海达 HDH 观测数据	*.hdh
标准 RINEX 观测数据	*.??O;*.OBS
Trimble DAT 观测数据	*.dat
Astech 观测数据	B*.*
南方 观测数据	*.sth
Leica LB2 观测数据	*.lb2
Leica DS 观测数据	*.ds
其他接收机的观测数据	*.*

图 3.2.1　数据格式

1. 观测数据的内容

观测文件主要保存了 GNSS 接收机记录的各个历元的原始观测数据，每个历元包括观测时间以及各个通道的跟踪卫星信息、C/A 码伪距、P_1 码伪距、P_2 码伪距、L_1 载波相位、L_2 载波相位。对于 HDS2003 数据处理软件的静态观测文件而言，至少要求观测文件内包含观测时间、C/A 码伪距、L_1 载波相位；对于动态观测文件而言，至少要求文件内包含观测时间及 C/A 码伪距。

观测文件除包含上述信息外，还包含点位信息、初始坐标以及与观测文件相关的星历信息等。

2. 观测数据的格式

（1）HDS2003 的.ZHD 格式的观测数据。

HDS2003 自定义的.ZHD 观测文件均包括原始观测数据、星历数据、观测站点的起始坐标等，个别版本还包括动态采集时记录的点位信息、路线信息。

在处理数据时，软件将根据观测数据的版本号来决定观测数据的类型，从而自动组成单频或双频的静态基线和动态路线。

（2）HDS2003 的 HDH 格式的观测数据。

HDS2003 的 HDH 格式的观测文件是由 Haida 海洋测量软件采集的观测数据，该数据主要是满足水上后差分使用的。因此，.HDH 格式的观测文件除记录了原始观测数据外，还记录了测深仪等外设采集的数据。

（3）RINEX 格式的观测数据。

RINEX 格式是为了将不同型号接收机采集的数据进行统一处理，而建立的一种通用数据交换格式。

（4）Trimble 格式的观测数据。

HDS2003 数据处理软件支持 Trimble 公司的 *.DAT 观测文件。

任务二　GNSS 基线解算

一、基线解算过程

基线解算的过程实际上主要是一个平差的过程，平差所采用的观测值主要是双差观测值。在基线解算时，平差要分三个阶段进行：

第一阶段，进行初始平差，解算出整周未知数参数和基线向量的实数解（浮动解）；

第二阶段，将整周未知数固定成整数；

第三阶段，将确定了的整周未知数作为已知值，仅将待定的测站坐标作为未知参数，再次进行平差解算，解求出基线向量的最终解——整数解（固定解）。

1. 初始平差

根据双差观测值的观测方程（需要进行线性化），组成误差方程，然后组成法方程，求解待定的未知参数及其精度信息，其结果为

待定参数：
$$\hat{X} = \begin{bmatrix} \hat{X}_C \\ \hat{X}_N \end{bmatrix} \qquad (3.2.1)$$

待定参数的协因数阵：
$$Q = \begin{bmatrix} Q_{\hat{X}_C \hat{X}_C} & Q_{\hat{X}_C \hat{X}_N} \\ Q_{\hat{X}_N \hat{X}_C} & Q_{\hat{X}_N \hat{X}_N} \end{bmatrix} \qquad (3.2.2)$$

单位权中误差：
$$\hat{\sigma}_0 = \sqrt{\frac{V^{\mathrm{T}} P V}{n}} \qquad (3.2.3)$$

通过初始平差，所解算出的整周未知数参数 X_N 本应为整数，但由于观测值误差、随机模型和函数模型不完善等原因，使得其结果为实数，因此，此时与实数的整周未知数参数对应的基线解被称作基线向量的实数解或浮动解。

为了获得较好的基线解算结果，必须准确地确定出整周未知数的整数值。

2. 整周未知数的确定

确定整周未知数的整数值的方法有很多种，目前所采用的方法基本上是以下面将要介绍

的搜索法为基础的。搜索法的具体步骤如下：

（1）根据初始平差的结果 $\hat{X}_N$ 和 $D_{\hat{X}_N \hat{X}_N}$（$D_{\hat{X}_N \hat{X}_N} = \hat{\sigma}_0 \cdot Q_{\hat{X}_N \hat{X}_N}$），分别以 $\hat{X}_N$ 中的每一个整周未知数为中心，以与它们中误差的若干倍为搜索半径，确定出每一个整周未知数的一组备选整数值。

（2）从上面所确定出的每一个整周未知数的备选整数值中一次选取一个，组成整周未知数的备选组，并分别以它们作为已知值，代入原基线解算方程，确定出相应的基线解：

$$\left.\begin{array}{l} \hat{X}_i = [\hat{X}_{C_i}] \\ Q_i = [Q_{\hat{X}_{C_i} \hat{X}_{C_i}}] \end{array}\right\} \tag{3.2.4}$$

（3）从所解算出的所有基线向量中选出产生单位权中误差最小的那个基线向量结果，作为最终的解算结果，这就是所谓的基线向量整数（或称固定解）。

$$\left.\begin{array}{l} \hat{X}_i = [\hat{X}_{C_i}] \\ Q_i = [Q_{\hat{X}_{C_i} \hat{X}_{C_i}}] \\ \hat{\sigma}_{0i} = \sqrt{\dfrac{V^{\mathrm{T}} P V}{n}} \end{array}\right\} \tag{3.2.5}$$

式中，$\hat{\sigma}_{0i}$ 也被称为均方根误差 RMS。

不过当出现以下情况时，则认为整周未知数无法确定，而无法求出该基线向量的整数解。

$$\frac{\hat{\sigma}_{0\,次最小}}{\hat{\sigma}_{0\,最小}} \leqslant T \tag{3.2.6}$$

$$T = \zeta_{F f, f_0; 1-\alpha/2} \tag{3.2.7}$$

式中，$\zeta_{F f, f_0; 1-\alpha/2}$ 是置信水平为 $1-\alpha$ 时的 F 分布的接受域，其自由度为 f 和 f_0；$\dfrac{\hat{\sigma}_{0\,次最小}}{\hat{\sigma}_{0\,最小}}$ 称为 RATIO 值。

3. 确定基线向量的固定解

当确定了整周未知数的整数值后，与之相对应的基线向量就是基线向量的整数解。

二、基线解算阶段的质量控制指标

（1）**单位权方差因子** $\hat{\sigma}_0$：又称为参考因子。

（2）**数据删除率**：在基线解算时，如果观测值的改正数大于某一个阈值，则认为该观测值含有粗差，需要将其删除。被删除观测值的数量与观测值的总数的比值，就是所谓的数据删除率。

数据删除率从某一方面反映出了 GNSS 原始观测值的质量。数据删除率越高，说明观测值的质量越差。

（3）RATIO：反映了所确定出的整周未知数参数的可靠性，这一指标取决于多种因素，既与观测值的质量有关，也与观测条件的好坏有关。

（4）RDOP：在基线解算时待定参数的协因数阵的迹 tr($\mathbf{Q}$) 的平方根，即 RDOP = $\sqrt{\text{tr}(\mathbf{Q})}$。RDOP 值的大小与基线位置和卫星在空间中的几何分布及运行轨迹（即观测条件）有关，当基线位置确定后，RDOP 值就只与观测条件有关了，而观测条件又是时间的函数。因此，实际上对与某条基线向量来讲，其 RDOP 值的大小与观测时间段有关。

（5）RMS：均方根误差（Root Mean Square）。

依照数理统计的理论，观测值误差落在 1.96 倍 RMS 的范围内的概率是 95%。

（6）同步环闭合差：由同步观测基线所组成的闭合环的闭合差。

由于同步观测基线间具有一定的内在联系，从而使得同步环闭合差在理论上应总是为 0 的，如果同步环闭合差超限，则说明组成同步环的基线中至少存在一条基线向量是错误的；但反过来，如果同步环闭合差没有超限，还不能说明组成同步环的所有基线在质量上均合格。

（7）异步环闭合差：不是完全由同步观测基线所组成的闭合环称为异步环，异步环的闭合差称为异步环闭合差。

当异步环闭合差满足限差要求时，表明组成异步环的基线向量的质量是合格的；当异步环闭合差不满足限差要求时，则表明组成异步环的基线向量中至少有一条基线向量的质量不合格，要确定出哪些基线向量的质量不合格，可以通过多个相邻的异步环或重复基线进行。

（8）重复基线较差：不同观测时段，对同一条基线的观测结果，就是所谓的重复基线。这些观测结果之间的差异，就是重复基线较差。

RATIO、RDOP 和 RMS 这几个质量指标只具有某种相对意义，它们数值的高低不能绝对地说明基线质量的高低。若 RMS 偏大，则说明观测值质量较差；若 RDOP 值较大，则说明观测条件较差。

任务三　GNSS 网平差

GNSS 基线解算就是利用 GNSS 观测值，通过数据处理，得到测站的坐标或测站间的基线向量值。

在布设 GNSS 网时，首先需对构成 GNSS 网的基线进行观测，并利用所采集到的 GNSS 数据进行数据处理，通过基线解算，获得具有同步观测数据的测站间的基线向量。为了确定 GNSS 网中各个点在某一特定坐标系下的绝对坐标，需要提供位置基准、方位基准和尺度基准，而一条 GNSS 基线向量只含有在 WGS-84 下的水平方位、垂直方位和尺度信息，通过多条 GNSS 基线向量可以提供网的方位基准和尺度基准。

由于 GNSS 基线向量中不含有确定网中各点绝对坐标的位置基准信息，因此，仅凭 GNSS 基线向量所提供的基准信息，是无法确定出网中各点的绝对坐标的。而我们布设 GNSS 网的主要目的是确定网中各个点在某一特定局部坐标系下的坐标,这就需要从外部引入位置基准,这个外部基准通常是通过一个以上的起算点来提供的。网平差时可利用所引入的起算数据来计算出网中各点的坐标。当然,GNSS 网的平差,除了可以解求出待定点的坐标以外,还可以发现和剔除 GNSS 基线向量观测值和地面观测中的粗差,消除由于各种类型的误差而引起的矛盾,并评定观测成果的精度。

一、GNSS 网平差的分类

GNSS 网平差的分类方法有多种,根据平差所进行的坐标空间,可将 GNSS 网平差分为三维平差和二维平差;根据平差时所采用的观测值和起算数据的数量和类型,可将平差分为无约束平差、约束平差和联合平差等。

1. 三维平差和二维平差

(1)三维平差。

所谓三维平差,是指平差在三维空间坐标系中进行,观测值为三维空间中的观测值,解算出的结果为点的三维空间坐标的平差方法。GNSS 网的三维平差,一般在三维空间直角坐标系或三维空间大地坐标系下进行。

(2)二维平差。

所谓二维平差,是指平差在二维平面坐标系下进行,观测值为二维观测值,解算出的结果为点的二维平面坐标的平差方法。

2. 无约束平差、约束平差和联合平差

(1)无约束平差。

GNSS 网的无约束平差指的是在平差时不引入会造成 GNSS 网产生由非观测量所引起的变形的外部起算数据。常见的 GNSS 网的无约束平差,一般是在平差时没有起算数据或没有多余的起算数据。

(2)约束平差。

GNSS 网的约束平差指的是平差时所采用的观测值完全是 GNSS 观测值(即 GNSS 基线向量),而且在平差时引入了使 GNSS 网产生由非观测量所引起的变形的外部起算数据。

(3)联合平差。

GNSS 网的联合平差指的是平差时所采用的观测值除了 GNSS 观测值以外,还采用了地面常规观测值,这些地面常规观测值包括边长、方向、角度等观测值等。

二、GNSS 网平差原理

1. 三维无约束平差

(1)定义。

所谓 GNSS 网的三维无约束平差,是指平差在 WGS-84 三维空间直角坐标系下进行,平差时不引入使 GNSS 网产生由非观测量所引起的变形的外部约束条件的平差方法。具体地说,

就是在进行平差时，所采用的起算条件不超过三个。对于 GNSS 网来说，在进行三维平差时，其必要的起算条件的数量为三个，这三个起算条件既可以是一个起算点的三维坐标向量，也可以是其他的起算条件。

（2）作用。

GNSS 网的三维无约束平差有以下三个主要作用：

① 评定 GNSS 网的内部符合精度，发现和剔除 GNSS 观测值中可能存在的粗差。

由于三维无约束平差的结果完全取决于 GNSS 网的布设方法和 GNSS 观测值的质量，因此，三维无约束平差的结果就完全反映了 GNSS 网本身的质量好坏，如果平差结果质量不好，则说明 GNSS 网的布设或 GNSS 观测值的质量有问题；反之，则说明 GNSS 网的布设或 GNSS 观测值的质量没有问题。

② 得到 GNSS 网中各个点在 WGS-84 坐标系下经过了平差处理的三维空间直角坐标。

在进行 GNSS 网的三维无约束平差时，如果指定网中某点准确的 WGS-84 坐标作为起算点，则最后可得到 GNSS 网中各个点经过了平差处理的在 WGS-84 坐标系下的坐标。

③ 为将来可能进行的高程拟合，提供经过了平差处理的大地高数据。

用 GNSS 水准替代常规水准测量获取各点的正高或正常高是目前 GNSS 应用中一个较新的领域，现在一般采用的是利用公共点进行高程拟合的方法。在进行高程拟合之前，必须获得经平差的大地高数据，三维无约束平差可以提供这些数据。

（3）原理。

在 GNSS 网三维无约束平差中所采用的观测值为基线向量，即 GNSS 基线的起点到终点的坐标差，因此，对于每一条基线向量，都可以列出如下的一组观测方程：

$$
\begin{bmatrix} v_{\Delta X} \\ v_{\Delta Y} \\ v_{\Delta Z} \end{bmatrix} = \begin{bmatrix} -1 & 0 & 0 \\ 0 & -1 & 0 \\ 0 & 0 & -1 \end{bmatrix} \begin{bmatrix} \mathrm{d}X_i \\ \mathrm{d}Y_i \\ \mathrm{d}Z_i \end{bmatrix} + \begin{bmatrix} 1 & 0 & 0 \\ 0 & 1 & 0 \\ 0 & 0 & 1 \end{bmatrix} \begin{bmatrix} \mathrm{d}X_j \\ \mathrm{d}Y_j \\ \mathrm{d}Z_j \end{bmatrix} - \begin{bmatrix} \Delta X_{ij} - X_i^0 + X_j^0 \\ \Delta Y_{ij} - Y_i^0 + Y_j^0 \\ \Delta Z_{ij} - Z_i^0 + Z_j^0 \end{bmatrix} \qquad (3.2.8)
$$

与此相对应的方差-协方差阵、协因数阵和权阵分别为

$$
\boldsymbol{D}_{ij} = \begin{bmatrix} \sigma_{\Delta X}^2 & \sigma_{\Delta X \Delta Y} & \sigma_{\Delta X \Delta Z} \\ \sigma_{\Delta Y \Delta X} & \sigma_{\Delta Y}^2 & \sigma_{\Delta Y \Delta Z} \\ \sigma_{\Delta Z \Delta X} & \sigma_{\Delta Z \Delta Y} & \sigma_{\Delta Z}^2 \end{bmatrix} \qquad (3.2.9)
$$

$$
\boldsymbol{Q}_{ij} = \frac{1}{\sigma_0^2} \boldsymbol{D}_{ij} \qquad (3.2.10)
$$

$$
\boldsymbol{P}_{ij} = \boldsymbol{D}_{ij}^{-1} \qquad (3.2.11)
$$

式中，σ_0 为先验的单位权中误差。

平差所用的观测方程就是通过上面的方法列出的，但为了使平差进行下去，还必须引入位置基准。引入位置基准的方法一般有两种：第一种是以 GNSS 网中一个点的 WGS-84 坐标作为起算的位置基准，即可有一个基准方程：

$$\begin{bmatrix} dX_i \\ dY_i \\ dZ_i \end{bmatrix} = \begin{bmatrix} X_i^0 \\ Y_i^0 \\ Z_i^0 \end{bmatrix} - \begin{bmatrix} X_i \\ Y_i \\ Z_i \end{bmatrix} = 0 \tag{3.2.12}$$

第二种是采用秩亏自由网基准，引入下面的基准方程：

$$\boldsymbol{G}^{\mathrm{T}} d\boldsymbol{B} = 0 \tag{3.2.13}$$

$$\boldsymbol{G}^{\mathrm{T}} = \begin{bmatrix} 1 & 0 & 0 & \cdots & 1 & 0 & 0 \\ 0 & 1 & 0 & \cdots & 0 & 1 & 0 \\ 0 & 0 & 1 & \cdots & 0 & 0 & 1 \end{bmatrix} = \begin{bmatrix} E & E & E & \cdots & E \end{bmatrix} \tag{3.2.14}$$

$$\begin{aligned} d\boldsymbol{B} &= \begin{bmatrix} db_1 & db_2 & db_3 & \cdots & db_n \end{bmatrix}^{\mathrm{T}} \\ &= \begin{bmatrix} dX_1 & dY_1 & dZ_1 & \cdots & dX_n & dY_n & dZ_n \end{bmatrix}^{\mathrm{T}} \end{aligned} \tag{3.2.15}$$

根据上面的观测方程和基准方程，按照最小二乘原理进行平差解算，得到平差结果。

待定点坐标参数：
$$\begin{bmatrix} \hat{X}_1 \\ \hat{Y}_1 \\ \hat{Z}_1 \\ \cdots \\ \hat{X}_n \\ \hat{Y}_n \\ \hat{Z}_n \end{bmatrix} = \begin{bmatrix} X_1^0 \\ Y_1^0 \\ Z_1^0 \\ \cdots \\ X_n^0 \\ Y_n^0 \\ Z_n^0 \end{bmatrix} + \begin{bmatrix} d\hat{X}_1 \\ d\hat{Y}_1 \\ d\hat{Z}_1 \\ \cdots \\ d\hat{X}_n \\ d\hat{Y}_n \\ d\hat{Z}_n \end{bmatrix} \tag{3.2.16}$$

单位权中误差：$\hat{\sigma}_0 = \sqrt{\dfrac{\boldsymbol{V}^{\mathrm{T}}\boldsymbol{P}\boldsymbol{V}}{3n-3p+3}}$ \qquad (3.2.17)

其中，n 为组成 GNSS 网的基线数，p 为基线数。

协因数阵：$\boldsymbol{Q} = (\boldsymbol{B}^{\mathrm{T}}\boldsymbol{P}\boldsymbol{B} + \boldsymbol{G}\boldsymbol{G}^{\mathrm{T}})^{-1}$。

（4）单位权方差的检验。

平差后单位权方差的估值 $\hat{\sigma}_0^2$ 应与平差前先验的单位权方差 σ_0^2 一致，判断它们是否一致可以采用 χ^2-检验。

原假设 H_0：$\hat{\sigma}_0^2 = \sigma_0^2$

备选假设 H_1：$\hat{\sigma}_0^2 \neq \sigma_0^2$

其中

$$\hat{\sigma}_0^2 = \frac{\boldsymbol{V}^{\mathrm{T}}\boldsymbol{P}\boldsymbol{V}}{3n-3p+3} \tag{3.2.18}$$

若

$$\frac{\boldsymbol{V}^{\mathrm{T}}\boldsymbol{P}\boldsymbol{V}}{\chi_{\alpha/2}^2} < \sigma_0^2 < \frac{\boldsymbol{V}^{\mathrm{T}}\boldsymbol{P}\boldsymbol{V}}{\chi_{1-\alpha/2}^2}，其中 \alpha 为显著性水平 \tag{3.2.19}$$

则 H_0 成立；反之，则 H_1 成立。

2. 三维联合平差

GNSS 网的三维联合平差一般是在某一个地方坐标系下进行的，平差所采用的观测量除了 GNSS 基线向量外，有可能还引入了常规的地面观测值，这些常规的地面观测值包括边长观测值、角度观测值、方向观测值等；平差所采用的起算数据一般为地面点的三维大地坐标，除此之外，有时还加入了已知边长和已知方位等作为起算数据。

3. 二维联合平差

二维联合平差与三维联合平差很相似，不同的是二维联合平差一般在一个平面坐标系下进行。与三维联合平差一样的是，平差所采用的观测量除了 GNSS 基线向量外，有可能还引入了常规的地面观测值，这些常规的地面观测值包括边长观测值、角度观测值、方向观测值等；平差所采用的起算数据一般为地面点的二维平面坐标，除此之外，有时还加入了已知边长和已知方位等作为起算数据。

三、GNSS 网平差的过程

在使用数据处理软件进行 GNSS 网平差时，需要按以下几个步骤进行：

（1）提取基线向量，构建 GNSS 基线向量网。

（2）三维无约束平差。

（3）约束平差/联合平差。

（4）质量分析与控制。

1. 提取基线向量，构建 GNSS 基线向量网

要进行 GNSS 网平差，首先必须提取基线向量，构建 GNSS 基线向量网。提取基线向量时需要遵循以下几项原则：

（1）必须选取相互独立的基线，若选取不相互独立的基线，则平差结果会与真实的情况不相符合。

（2）所选取的基线应构成闭合的几何图形。

（3）选取质量好的基线向量。基线质量的好坏，可以依据 RMS、RDOP、RATIO、同步环闭合差、异步环闭合差和重复基线较差来判定。

（4）选取能构成边数较少的异步环的基线向量。

（5）选取边长较短的基线向量。

2. 三维无约束平差

在构成了 GNSS 基线向量网后，需要进行 GNSS 网的三维无约束平差。通过无约束平差主要达到以下几个目的：

（1）根据无约束平差的结果，判别在所构成的 GNSS 网中是否有粗差基线，如发现含有粗差的基线，需要进行相应的处理，必须使得最后用于构网的所有基线向量均满足质量要求。

（2）调整各基线向量观测值的权，使得它们相互匹配。

3. 约束平差/联合平差

在进行完三维无约束平差后，需要进行约束平差或联合平差，平差可根据需要在三维空间或二维空间中进行。

约束平差的具体步骤如下：

（1）指定进行平差的基准和坐标系统。

（2）指定起算数据。

（3）检验约束条件的质量。

（4）进行平差解算。

4. 质量分析与控制

在这一步，进行 GNSS 网质量的评定，在评定时可以采用下面的指标：

（1）基线向量的改正数。

根据基线向量的改正数的大小，可以判断出基线向量中是否含有粗差。具体判定依据是，若 $|v_i| < \hat{\sigma}_0 \cdot \sqrt{q_i} \cdot t_{1-\alpha/2}$，则认为基线向量中不含有粗差；反之，则含有粗差。

（2）相邻点的中误差和相对中误差。

若在进行质量评定时，发现有质量问题，需要根据具体情况进行处理，如果发现构成 GNSS 网的基线中含有粗差，则需要采用删除含有粗差的基线、重新对含有粗差的基线进行解算或重测含有粗差的基线等方法加以解决；如果发现个别起算数据有质量问题，则应该放弃有质量问题的起算数据。

5. GNSS 网平差中起算数据的检验

在进行 GNSS 网的约束平差或联合平差时，起算数据质量的检验是很必要的。由于在 GNSS 网平差中所用的起算数据一般为点的坐标，因此，在这里将主要介绍对起算点坐标的检验。

（1）方差检验法。

在进行三维无约束平差时，要进行方差估计，调整观测值的权，直至验后的单位权方差与先验的单位权方差相容。在进行约束平差时，以三维无约束平差所得到的验后单位权方差作为先验的单位权方差，逐个加入起算数据进行平差解算，同时检验验后的单位权方差与先验的单位权方差之间的相容性，当在加入了某一起算数据后发现它们不一致，则说明该起算数据可能存在质量问题。

（2）附合路线法。

附合路线法是从一个起算点通过一条由 GNSS 基线向量组成的 GNSS 导线推算另一个起算点的坐标，将此坐标与已知值比较，根据它们差异的大小来判断起算点的质量。为准确地判断起算点质量的好坏，一般需要采用多条附合路线。

（3）检查点法。

在进行平差解算时，不将所有起算点坐标固定，而是保留一个点作为检查点，平差后比较该点坐标的平差值和已知值，根据它们差异的大小来判断起算点质量的好坏。为准确地判断起算点质量的好坏，一般需要轮换地将各个起算点分别作为检查点。

任务四　GNSS 高程

一、高程系统

在测量中常用的高程系统有大地高系统、正高系统和正常高系统。

1. 大地高系统

大地高系统是以参考椭球面为基准面的高程系统。某点的大地高是该点到通过该点的参考椭球的法线与参考椭球面的交点间的距离。大地高也称为椭球高，一般用符号 H 表示。大地高是一个纯几何量，不具有物理意义，同一个点在不同的基准下具有不同的大地高。

2. 正高系统

正高系统是以大地水准面为基准面的高程系统。某点的正高是该点到通过该点的铅垂线与大地水准面的交点之间的距离，正高用符号 H_g 表示。

3. 正常高

正常高系统是以似大地水准面为基准的高程系统。某点的正常高是该点到通过该点的铅垂线与似大地水准面的交点之间的距离，正常高用 H_γ 表示。

4. 高程系统之间的转换关系

大地水准面到参考椭球面的距离，称为大地水准面差距，记为 h_g。大地高与正高之间的关系可以表示为

$$H = H_g + h_g \tag{3.2.20}$$

似大地水准面到参考椭球面的距离，称为高程异常，记为 ζ。大地高与正常高之间的关系可以表示为

$$H = H_\gamma + \zeta \tag{3.2.21}$$

二、GNSS 高程的方法

由于采用 GNSS 观测所得到的是大地高，为了确定出正高或正常高，需要有大地水准面差距或高程异常数据。

1. 等值线图法

从高程异常图或大地水准面差距图分别查出各点的高程异常 ζ 或大地水准面差距 h_g，然后分别采用下面两式可计算出正常高 H_γ 和正高 H_g。

$$\left.\begin{array}{l} 正常高：H_\gamma = H - \zeta \\ 正高：H_g = H - h_g \end{array}\right\} \tag{3.2.22}$$

在采用等值线图法确定点的正常高和正高时要注意以下几个问题：

（1）注意等值线图所适用的坐标系统，在求解正常高或正高时，要采用相应坐标系统的大地高数据。

（2）采用等值线图法确定正常高或正高，其结果的精度在很大程度上取决于等值线图的精度。

2. 地球模型法

地球模型法本质上是一种数字化的等值线图，目前国际上较常采用的地球模型有 OSU91A 等。不过可惜的是这些模型均不适合于我国。

3. 高程拟合法

（1）基本原理。

所谓高程拟合法，就是利用在范围不大的区域中，高程异常具有一定的几何相关性这一原理，采用数学方法，求解正高、正常高或高程异常的方法。

将高程异常表示为下面多项式的形式：

零次多项式：

$$\zeta = a_0 \tag{3.2.23}$$

一次多项式：

$$\zeta = a_0 + a_1 \cdot dB + a_2 \cdot dL \tag{3.2.24}$$

二次多项式：

$$\zeta = a_0 + a_1 \cdot dB + a_2 \cdot dL + a_3 \cdot dB^2 + a_4 \cdot dL^2 + a_5 \cdot dB \cdot dL \tag{3.2.25}$$

其中

$$dB = B - B_0$$
$$dL = L - L_0$$

$$B_0 = \frac{1}{n} \sum B$$

$$L_0 = \frac{1}{n} \sum L$$

式中，n 为 GNSS 网的点数。

利用公共点上 GNSS 测定的大地高和水准测量测定的正常高计算出该点上的高程异常 ζ，存在一个这样的公共点，就可以依据上式列出一个方程：

$$\zeta_i = a_0 + a_1 \cdot dB_i + a_2 \cdot dL_i + a_3 \cdot dB_i^2 + a_4 \cdot dL_i^2 + a_5 \cdot dB_i \cdot dL_i \qquad (3.2.26)$$

若共存在 m 个这样的公共点，则可列出 m 个方程。

$$\zeta_1 = a_0 + a_1 \cdot dB_1 + a_2 \cdot dL_1 + a_3 \cdot dB_1^2 + a_4 \cdot dL_1^2 + a_5 \cdot dB_1 \cdot dL_1$$

$$\zeta_2 = a_0 + a_1 \cdot dB_2 + a_2 \cdot dL_2 + a_3 \cdot dB_2^2 + a_4 \cdot dL_2^2 + a_5 \cdot dB_2 \cdot dL_2$$

$$\vdots$$

$$\zeta_1 = a_0 + a_1 \cdot dB_m + a_2 \cdot dL_m + a_3 \cdot dB_m^2 + a_4 \cdot dL_m^2 + a_5 \cdot dB_m \cdot dL_m$$

即有

$$V = Ax + L \qquad (3.2.27)$$

其中

$$A = \begin{bmatrix} 1 & dB_1 & dL_1 & dB_1^2 & dL_1^2 & dB_1 \cdot dL_1 \\ 1 & dB_2 & dL_2 & dB_2^2 & dL_2^2 & dB_2 \cdot dL_2 \\ & & \cdots\cdots & & & \\ 1 & dB_m & dL_m & dB_m^2 & dL_m^2 & dB_m \cdot dL_m \end{bmatrix}$$

$$x = \begin{bmatrix} a_0 & a_1 & a_2 & a_3 & a_4 & a_5 \end{bmatrix}^T$$

$$V = \begin{bmatrix} \zeta_1 & \zeta_2 & \cdots & \zeta_m \end{bmatrix}^T$$

通过最小二乘法可以求解出多项式的系数：

$$x = -(A^T P A)^{-1} (A^T P L) \qquad (3.2.28)$$

其中，P 为权阵，它可以根据水准高程和 GNSS 所测得的大地高的精度加以确定。

（2）注意事项。

① 适用范围。

上面介绍的高程拟合的方法，是一种纯几何的方法，因此，一般仅适用于高程异常变化较为平缓的地区（如平原地区），其拟合的准确度可达到 1 dm 以内。对于高程异常变化剧烈的地区（如山区），这种方法的准确度有限，这主要是因为在这些地区，高程异常的已知点很难将高程异常的特征表示出来。

② 选择合适的高程异常已知点。

所谓高程异常的已知点的高程异常值，一般是通过水准测量测定正常高、通过 GNSS 测量测定大地高后获得的。在实际工作中，一般采用在水准点上布设 GNSS 点或对 GNSS 点进行水准联测的方法来实现，为了获得好的拟合结果要求采用数量尽量多的已知点，它们应均匀分布，并且最好能够将整个 GNSS 网包围起来。

③ 高程异常已知点的数量。

若要用零次多项式进行高程拟合，则要确定 1 个参数，因此，需要 1 个以上的已知点；若要采用一次多项式进行高程拟合，则要确定 3 个参数，需要 3 个以上的已知点；若要采用二次多项式进行高程拟合，则要确定 6 个参数，需要 6 个以上的已知点。

（3）分区拟合法。

若拟合区域较大，可采用分区拟合的方法，即将整个 GNSS 网划分为若干区域，利用位于各个区域中的已知点分别拟合出该区域中的各点的高程异常值，从而确定出它们的正常高。图 3.2.2 是一个分区拟合的示意图，拟合分两个区域进行，以虚线为界，位于虚线上的已知点两个区域都采用。

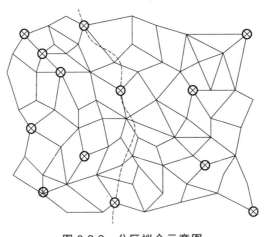

图 3.2.2　分区拟合示意图

任务五　GNSS 精密基线解算

中海达 HDS2003 数据处理软件是面向项目进行管理的。在中海达官网（www.zhdGNSS.com）"下载中心"下载最新版 HDS2003 数据处理软件。

不管是进行单点定位，还是进行静态基线处理、动态路线处理，或者是进行网平差，首先需要建立一个新的项目或者打开一个已建立的项目。

建立一个新的项目可分如下几步：

（1）建立测区的坐标系统，在坐标系管理里输入坐标参数。

（2）建立一个项目工作所在的路径，将观测数据下载或复制到该路径下，并创建一个新的项目。

（3）将数据导入到项目中。

完成上述三步之后，就可以进行下一步的工作了。

一、建立坐标系及坐标系管理

1. 项目属性设置

点击"项目菜单"下的"项目属性"子菜单，设置项目属性，如图 3.2.3、图 3.2.4 所示。

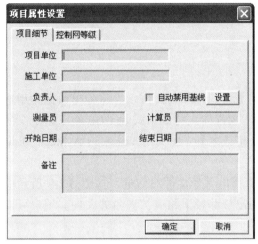

图 3.2.3　项目属性设置

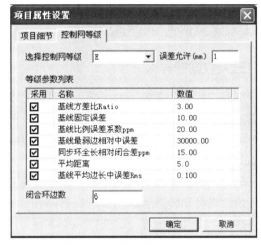

图 3.2.4　项目属性设置

项目属性设置的内容都会显示在网平差报告中，控制网的等级很重要，在数据处理过程中的许多检验都是根据不同的网的精度有不同的设置。

2. 原始参数和坐标系统

点击"项目"菜单下的"原始参数"子菜单，设置原始参数：

在设置好天线名称、天线参数（见图 3.2.5）后，用户点击"增加"，就可以添加一个新的天线，用户也可以选择列表中的已有坐标系统，点击"删除"按钮就可以删除当前选中的坐标系统，所有坐标系统的设置参数保存为 Bin 目录下的 HitAnt.ini 文件，如图 3.2.6 所示。

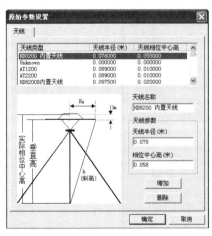

图 3.2.5　天线参数

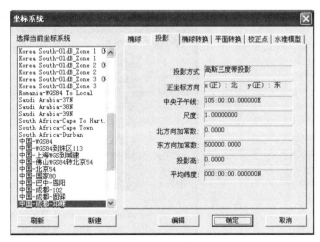

图 3.2.6　坐标系统

二、数据的准备

HDS2003 数据处理软件能够处理多种格式的数据。通常，在处理一组 GNSS 数据之前要经过下列几步：

（1）要将各台 GNSS 接收机观测的数据传入计算机内。

（2）将数据复制到当前项目所在目录。

（3）将数据导入到当前项目中。

三、数据的导入

选择"项目"菜单下的"导入"功能，如图 3.2.7、图 3.2.8 所示，将弹出数据类型选择窗口，其中列出了各种能加载的数据格式。目前，软件能支持的格式除 HDS2003 自定义的格式（如*.ZHD，*.HDH 文件）以及标准的 RINEX 格式之外，还支持 Trimble、Ashtech、Leica、Sercel 以及国内的南方公司等其他几种格式。

现在，如选择"中海达 ZHD 观测数据"，将弹出一个文件对话框，如图 3.2.9 所示。文件对话框将自动转到当前项目所在的路径，并列出该路径下相应扩展名的文件。用户可以一次选择一个文件，也可一次选择多个文件。

图 3.2.7　导入数据菜单

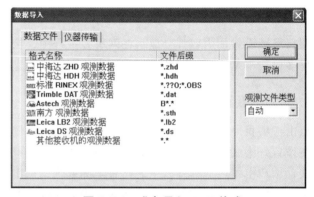

图 3.2.8　准备导入 ZHD 格式

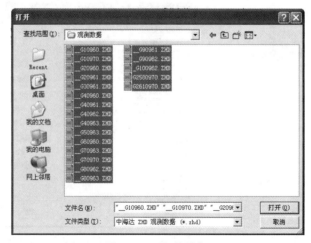

图 3.2.9　文件选择

文件导入一次只能导入一个目录下的观测文件，如观测文件为不同类型，或者为不同格式，或者在不同路径下，则要分多次导入。

文件录入只导入表面上观测文件，但其实，在导入观测文件的同时，还自动导入相应的星历文件。对于 HDS2003 格式的文件，由于观测文件和星历文件合并在一个文件内，在观测文件导入的同时，也导入了星历文件。而对于其他格式，观测数据和星历数据并不一定在同一个文件中，这时应将它们放在同一目录下，软件将会根据观测文件的格式自动判别并读入星历文件。否则，用户应该在后续的处理中输入星历文件。

文件录入完成后，软件将从观测文件中提取观测站点，并将根据它们的观测时段自动组合成静态基线和动态路线，如图 3.2.10 所示。

点名	文件名	日期	起始时间	结束时间	历元数	纬度	经度	椭球高...	天线高
G1	__G10960.ZHD	2013/04/06	09:07:40	10:05:00	689	30:19:39.95N	103:35:48.89E	485.851	1.597
G1	__G10970.ZHD	2013/04/07	10:15:39	13:15:09	2146	30:19:39.95N	103:35:48.95E	493.904	1.542
G2	__G20960.ZHD	2013/04/06	09:06:40	10:05:00	701	30:19:14.22N	103:35:12.64E	494.063	1.545
G2	__G20961.ZHD	2013/04/06	10:48:09	11:45:49	693	30:19:14.23N	103:35:12.64E	491.683	1.545
G3	__G30961.ZHD	2013/04/06	10:47:50	11:47:35	718	30:19:05.09N	103:34:51.90E	491.607	1.617
G4	__G40960.ZHD	2013/04/06	09:06:45	10:04:30	694	30:19:44.48N	103:34:33.92E	495.797	1.522
G4	__G40961.ZHD	2013/04/06	10:47:19	11:45:25	698	30:19:44.48N	103:34:33.94E	492.785	1.522
G4	__G40962.ZHD	2013/04/06	12:33:09	13:30:24	688	30:19:44.60N	103:34:34.01E	510.534	1.522
G4	__G40963.ZHD	2013/04/06	13:57:09	14:55:30	701	30:19:44.69N	103:34:34.07E	516.876	1.522
G5	__G50963.ZHD	2013/04/06	13:58:09	14:55:50	693	30:20:06.44N	103:34:25.20E	514.510	1.467
G6	__G60960.ZHD	2013/04/06	09:06:39	10:04:45	698	30:19:53.41N	103:35:01.01E	490.815	1.497
G7	__G70963.ZHD	2013/04/06	13:57:10	14:56:44	716	30:20:09.30N	103:34:06.83E	517.484	1.557
G7	__G70970.ZHD	2013/04/07	10:16:09	13:14:10	2137	30:20:09.14N	103:34:06.74E	511.491	1.464
G8	__G80962.ZHD	2013/04/06	12:33:09	13:30:54	694	30:19:43.53N	103:33:36.08E	516.402	1.461
G8	__G80963.ZHD	2013/04/06	13:57:39	14:56:14	704	30:19:43.63N	103:33:36.16E	521.874	1.461
G9	__G90961.ZHD	2013/04/06	10:48:10	11:45:25	688	30:19:08.35N	103:33:38.98E	499.773	1.517
G9	__G90962.ZHD	2013/04/06	12:33:09	13:30:44	692	30:19:08.44N	103:33:39.02E	516.899	1.517
G10	_G100962.ZHD	2013/04/06	12:33:20	13:31:04	694	30:19:25.37N	103:33:33.93E	510.044	1.597
G258	G2580970.ZHD	2013/04/07	10:15:15	13:13:29	2140	30:22:17.34N	103:35:10.16E	470.101	0.945
G261	G2610970.ZHD	2013/04/07	10:15:45	13:13:44	2131	30:19:44.41N	103:43:08.16E	442.360	1.557

图 3.2.10　已录入数据的项目

HDS2003 数据处理软件一般用文件名来区分不同的观测文件。一个项目中，不允许有重名的观测文件。

一个观测文件名通常由测站名和时段组成，这样，在一个项目内，可以保证观测文件名各不相同。

四、观测文件的属性

在观测数据窗口，点击右键，选择属性，将弹出关于观测文件的标签对话框，如图 3.2.11 所示。

名称	数值
文件路径	E:\2013年项目\██████\██████GPS数据\观测数据__G10960.ZHD
观测日期	2013年04月06日
时间	09时07分　至　10时05分
文件类型	静态观测文件
文件说明	中海达Psion控制器采集的动静态观测文件

一般 / 修改 / 观测数据图 / 卫星跟踪图 / 单点平均图 /

图 3.2.11　观测文件属性

该标签对话框共分为一般、修改及观测数据图、卫星跟踪图等几部分。

在标签对话框的一般页，列出了观测文件的文件路径、观测日期、时间、文件类型和文件说明等。

修改标签如图 3.2.12 所示。

观测站	G1
星历文件	E:\2013年项目\▉▉▉▉▉\▉▉▉▉▉GPS数据\观测数据__G1096
天线高	1.560
天线类型	HD8200X
测量方法	天线斜高
观测纬度	30:19:39.95N
观测经度	103:35:48.89E
观测高程	485.851
平均纬度	
平均经度	
平均高程	

图 3.2.12　修改属性

该标签列出了可以修改的内容：

（1）修改观测站点、天线高。

（2）修改星历文件。

（3）修改初始大地坐标。

1. 查看观测数据图

选择观测数据图属性页，可见各颗卫星数据的跟踪情况。图 3.2.13 列出了双频数据的跟踪情况。图中的中断部分表明接收机发生了失锁等情况。

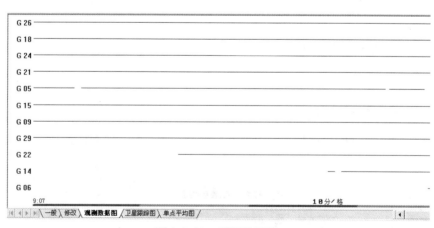

图 3.2.13　观测数据图

由观测数据图，可以初步判断观测数据的质量。

2. 查看卫星跟踪图

选择卫星跟踪图属性页，可见各颗卫星的在天空中的分布情况，如图 3.2.14 所示。

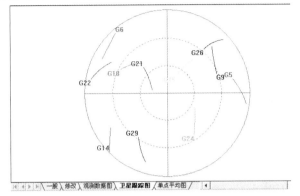

图 3.2.14　卫星跟踪图

卫星跟踪图描述了从观测文件的开始时刻到观测文件的结束时刻卫星在天空中的变化情况。图中的数字端表示开始时刻卫星所处的位置。

卫星跟踪图是根据与观测文件相关联的星历数据绘制的。通过它，我们既可以看到观测卫星的分布情况，又可以检查观测文件的星历。

五、观测数据的删除

观测数据可通过弹出式菜单选择删除，也可通过编辑菜单选择删除。

在删除一个观测文件的同时，也删除与之相关的静态基线、动态路线、观测站点。

六、将观测数据转换成 RINEX 2.0 格式

处理软件也可以将各种格式文件转换成 RINEX 格式，方法是在左侧树状结构中选取需要转换的数据文件，右击，在弹出的菜单中选择"转换成 RINEX 格式"，生成的文件存放在相应项目目录下的 RINEX 子目录中，见图 3.2.15。

图 3.2.15　转换成 RINEX 格式

一个项目建立并加载观测数据文件后，将会在项目内生成观测文件、静态基线、动态路线、观测站点，且静态基线、动态路线、观测站点都是根据观测文件的内容自动生成的。

七、观测站点

点击管理区中的站点标签，则将跳到观测站点列表窗口，如图 3.2.16 所示。

点名	文件名	日期	起始时间	结束时间	历元数	纬度	经度	椭球高...	天线高
G1	__G10960.ZHD	2013/04/06	09:07:40	10:05:00	689	30:19:39.95N	103:35:48.89E	485.851	1.597
G1	__G10970.ZHD	2013/04/07	10:15:39	13:15:09	2146	30:19:39.95N	103:35:48.95E	493.904	1.542
G2	__G20960.ZHD	2013/04/06	09:06:40	10:05:00	701	30:19:14.22N	103:35:12.64E	494.063	1.545
G2	__G20961.ZHD	2013/04/06	10:48:09	11:45:49	693	30:19:14.23N	103:35:12.64E	491.683	1.545
G3	__G30961.ZHD	2013/04/06	10:47:50	11:47:35	718	30:19:05.09N	103:34:51.90E	491.607	1.617
G4	__G40960.ZHD	2013/04/06	09:06:45	10:04:30	694	30:19:44.48N	103:34:33.92E	495.797	1.522
G4	__G40961.ZHD	2013/04/06	10:47:19	11:45:25	698	30:19:44.48N	103:34:33.94E	492.785	1.522
G4	__G40962.ZHD	2013/04/06	12:33:09	13:30:24	688	30:19:44.60N	103:34:34.01E	510.534	1.522
G4	__G40963.ZHD	2013/04/06	13:57:09	14:55:30	701	30:19:44.69N	103:34:34.07E	516.876	1.522
G5	__G50963.ZHD	2013/04/06	13:58:09	14:55:50	693	30:20:06.44N	103:34:25.20E	514.510	1.467
G6	__G60960.ZHD	2013/04/06	09:06:39	10:04:45	698	30:19:53.41N	103:35:01.01E	490.815	1.497
G7	__G70963.ZHD	2013/04/06	13:57:10	14:56:44	716	30:20:09.30N	103:34:06.83E	517.484	1.557
G7	__G70970.ZHD	2013/04/07	10:16:09	13:14:10	2137	30:20:09.14N	103:34:06.74E	511.491	1.464
G8	__G80962.ZHD	2013/04/06	12:33:09	13:30:54	694	30:19:43.53N	103:33:36.08E	516.402	1.461
G8	__G80963.ZHD	2013/04/06	13:57:39	14:56:14	704	30:19:43.63N	103:33:36.16E	521.874	1.461
G9	__G90961.ZHD	2013/04/06	10:48:10	11:45:25	688	30:19:08.35N	103:33:38.98E	499.773	1.517
G9	__G90962.ZHD	2013/04/06	12:33:09	13:30:44	692	30:19:08.44N	103:33:39.02E	516.899	1.517
G10	_G100962.ZHD	2013/04/06	12:33:20	13:31:04	694	30:19:25.37N	103:33:33.93E	510.044	1.597
G258	G2580970.ZHD	2013/04/07	10:15:15	13:13:29	2140	30:22:17.34N	103:35:10.16E	470.101	0.945
G261	G2610970.ZHD	2013/04/07	10:15:45	13:13:44	2131	30:19:44.41N	103:43:08.16E	442.360	1.557

⚒ 网图　　▦ **列表**　　🗎 报告 |

图 3.2.16　观测站点信息

列表窗口列出了每个观测站点的点名、是待求点还是固定点、坐标、自由网平差误差、三维约束平差误差、二维约束平差误差、水准高程拟合误差等。

1. 观测站点的生成

观测站点名是由观测文件生成的，而且，只有静态观测文件记录的观测站点的信息才有意义。

示例项目中共有 20 个观测文件，由其观测文件名可得到 12 个观测站点名。

同样，软件由观测站点名来区分观测站点，一个项目中不能存在同名的两个观测站点。

2. 观测站点的属性

在观测站点窗口，可通过弹出式菜单查看观测站点的属性，如图 3.2.17 所示。

```
自由平差值        ************
点位中误差        0.0026
    纬度/X        30:19:40.00811N
    经度/Y        103:35:48.92901E
    椭球高/H       489.7231
WGS-84三维约...     ************
点位中误差        0.008
    纬度/X        30:19:39.51972N
    精度(m)       0.003
    经度/Y        103:35:44.80147E
    精度(m)       0.003
    椭球高/H       473.4360
    精度(m)       0.007
二维平差          ************
点位中误差        0.002
    纬度/X        3357271.8068
    精度(m)       0.001
    经度/Y        364952.4127
    精度(m)       0.001
    正高/H        486.7298
水准高程          ************
点位中误差        0.0525
    正高/H        470.4082
```

图 3.2.17 站点属性

（1）观测站点的初值。

通过观测站点的属性可以修改观测站点的初值。观测站点的初值对 WGS-84 网平差等有一定的影响。

（2）观测站点的已知坐标。

通过观测站点的属性的已知点坐标也可输入观测站点的已知坐标，如图 3.2.18 所示。

```
测站初值    纬度              30:22:17.████N
            经度              103:35:10.████E
            椭球高(m)          470.1011
是否固定                       是
固定方式                       XYH
固定坐标    纬度/X            336████.3250
            经度/Y            36████3660
            正高/H            4██4033
            精度(m)           0.0000
            精度(m)           0.0000
            精度(m)           0.0000
```

图 3.2.18 输入已知点坐标

注意：无论是进行静态基线网平差，还是输出动态路线结果，要使固定坐标有效，是否固定应该选"是"；否则，固定坐标无效，只是将固定值保存在项目文件内。

3. 观测站点的删除

在观测站点窗口，可通过弹出式菜单删除观测站点。在删除观测站点的同时，也删除相应的观测文件、静态基线、动态路线等。

可以通过编辑下的恢复功能恢复相应的观测站点、静态基线、动态路线。

删除观测站点后若关闭项目或加载新的观测数据后，将不能恢复被删除的对象。

八、静态基线

1. 静态基线的选择

点击管理区的基线，选择任何一条基线，则列表窗口将跳到基线向量列表，如图 3.2.21 所示。

采用	起点	时段	终点	时段	同步时间	解类型	Ratio	整数解误差	斜距	平距	平差后误差
是	G258	0970	G261	0970	177分钟	整数解	4.0	0.0176	13610.6050	13610.5862	0.0069
是	G258	0970	G1	0970	177分钟	整数解	9.4	0.0093	4955.8721	4955.8138	0.0037
是	G258	0970	G7	0970	177分钟	整数解	15.1	0.0088	4296.5174	4296.3437	0.0036
是	G261	0970	G1	0970	177分钟	整数解	10.6	0.0161	11737.0483	11736.9556	0.0067
是	G261	0970	G7	0970	177分钟	整数解	8.3	0.0206	14485.6656	14485.5361	0.0068
是	G10	0962	G4	0962	057分钟	整数解	17.3	0.0091	1710.5542	1710.5540	0.0048
是	G10	0962	G8	0962	057分钟	整数解	31.8	0.0075	561.9910	561.9412	0.0049
是	G10	0962	G9	0962	057分钟	整数解	99.9	0.0068	538.4353	538.3975	0.0047
是	G1	0960	G2	0960	057分钟	整数解	99.9	0.0070	1251.5253	1251.4791	0.0041
是	G1	0960	G4	0960	056分钟	整数解	99.9	0.0065	2007.5104	2007.4642	0.0037
是	G1	0960	G6	0960	057分钟	整数解	99.9	0.0061	1344.5870	1344.5651	0.0041
是	G1	0970	G7	0970	178分钟	整数解	99.9	0.0085	2873.6831	2873.6459	0.0032
是	G2	0961	G3	0961	057分钟	整数解	29.2	0.0101	621.6357	621.6357	0.0063
是	G2	0960	G4	0960	057分钟	整数解	99.9	0.0067	1392.1337	1392.1307	0.0035
是	G2	0961	G4	0961	057分钟	整数解	27.5	0.0092	1392.1285	1392.1255	0.0035
是	G2	0960	G6	0960	058分钟	整数解	74.8	0.0071	1246.5490	1246.5453	0.0043
是	G2	0961	G9	0961	057分钟	整数解	20.0	0.0094	2509.3903	2509.3762	0.0044
是	G3	0961	G4	0961	057分钟	整数解	92.7	0.0078	1305.1420	1305.1390	0.0058
是	G3	0961	G9	0961	057分钟	整数解	85.6	0.0075	1951.3505	1951.3326	0.0060
是	G4	0963	G5	0963	057分钟	整数解	72.8	0.0086	710.4481	710.4476	0.0067
是	G4	0960	G6	0960	057分钟	整数解	94.5	0.0062	774.1931	774.1702	0.0040
是	G4	0963	G7	0963	058分钟	整数解	66.6	0.0100	1050.5510	1050.5506	0.0042

管理区 ×
静态基线 [30]
G258→G261.0970
G258→G1.0970
G258→G7.0970
G261→G1.0970
G261→G7.0970
G10→G4.0962
G10→G8.0962
G10→G9.0962
G1→G2.0960
G1→G4.0960
G1→G6.0960
G1→G7.0970
G2→G3.0961
G2→G4.0960
G2→G4.0961
G2→G6.0960
G2→G9.0961
G3→G4.0961
G3→G9.0961
G4→G5.0963
G4→G6.0960
G4→G7.0963

文件　基线　站点　　网图　列表　报告

图 3.2.21　基线向量窗口

基线向量列表窗口列出了基线的名称、基线解算时采用的观测数据、基线采用的解、自由网平差后的改正数及平差值。

2. 静态基线的组成

任意两个静态观测文件，只要它们具有相同的观测时段，那么，它们就能构成一条静态基线，如图 3.2.22 所示。

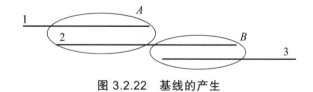

图 3.2.22　基线的产生

三个静态观测文件（1、2、3）之间根据它们的观测时间关系构成了两条基线（A、B）。

在 HDS2003 数据处理软件中，静态基线名由起算测站名和推算测站名以及推算测站的时段名构成，即

起算测站名→推算测站名●推算文件的时段

静态基线在一个项目中可以重名。

3. 静态基线的弹出式菜单

静态基线的弹出式菜单如图 3.2.23 所示。

通过弹出式菜单，可以进行单独处理基线、基线处理设置、浏览基线详解、删除（基线）、交换起始点和终止点、查看基线属性（见图 3.2.24）等。

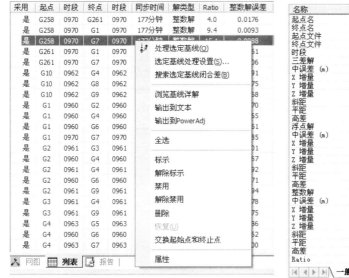

图 3.2.23　基线弹出菜单　　　　　　图 3.2.24　基线属性

4. 静态基线的属性

静态基线的属性对话框如图 3.2.25 所示。

在基线属性页"一般"列出了基线的起点文件、终点文件、起点名、终点名、时段以及选用的基线解。

基线解属性页列出了基线的各种解。

网平差基线解	自动
网平差方差因子	1.00
参与平差	是
数据采样间隔	60
高度截止角（度）	20
参考卫星	自动
粗差容忍系数	3.5
最小历元数	5
最大历元数	999
对流层改正模型	改进的 Hopfield 模型
电离层改正模型	自动
温度（℃）	18.0
气压（毫巴）	1013.3
相对湿度（%）	50.0
观测组合方案	自动
模糊度分解方法	LAMBDA 法

一般　**修改**　观测数据图

图 3.2.25　静态基线的属性

当基线解算不合格且又不想将其删除时，可以将参与平差选择否。

通过观测数据页可以分析观测数据情况及其质量好坏。更重要的是，可以在观测数据图内编辑时段（见图 3.2.26），以重复处理这条基线。编辑完成后点击右键选择保存。

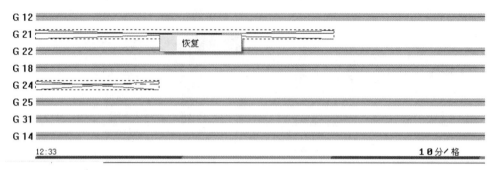

图 3.2.26　时段编辑

基线残差图也是重复处理不合格基线的有力工具。如图 3.2.27 所示，当基线的某处残差超过 ±0.1 m 时，可以考虑删除相应时间段的卫星数据。

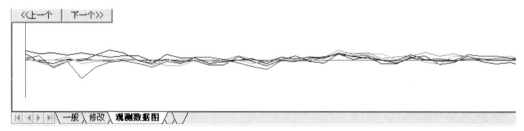

图 3.2.27　基线残差图

5. 静态基线的删除

可通过弹出式菜单选择删除，也可通过编辑菜单选择删除。

删除静态基线对别的对象没有影响。

进行网平差通过后，再在菜单栏"项目"→"导出"中，导出 GNSS 网处理报告，如图 3.2.28 所示，选择"其他格式"，选择"GNSS 网处理报告"和对应的应用软件，点击"确定"，输入文件名保存即可。

图 3.2.28　GNSS 网处理报告导出

本项目小结

本项目从 GNSS 测量中的数据格式开始，分五个任务讲述 GNSS 测量数据处理全过程。进行 GNSS 数据处理时，应掌握 GNSS 控制网基线解算过程和 GNSS 网平差过程。在基线解算中，应学习相对定位中常用的双差观测值求解基线向量的方法。掌握基线解算阶段的质量控制，单位权方差因子、数据删除率、RATIO、RDOP、RMS、同步环闭合差、异步环闭合差、重复基线较差等基本概念。

在测量中常用的高程系统有大地高系统、正高系统和正常高系统。高程拟合法就是利用在范围不大的区域中，高程异常具有一定的几何相关性这一原理，采用数学方法，求解正高、正常高或高程异常的方法。

完成了一个 GNSS 控制网的基线解算工作之后，必须学习 GNSS 网平差。它以中海达 HDS2003 数据处理软件为作业基础，结合实际项目，学生应掌握 GNSS 数据处理基本概念和各种数据的基线解算、网平差。

习　题

1. 试述 GNSS 网平差的分类和过程。
2. 试述 GNSS 高程拟合法的基本原理。
3. 试述中海达 HDS2003 数据处理软件解算 GNSS 基线向量的步骤。

项目四 GNSS-RTK 测量

早期的 GNSS 测量在本质上是静态的，用户在一个测站点要停留很长时间。如果时间允许，它才会在数据采集结束后，转去下一个测站点，随后数据汇集在一起才能进行后处理。数据处理完成，方可得到测量结果。

从那时起，GNSS 测量开始向动态方向发展。由于 GNSS 流动站与基准站之间的数据采用无线电链接，在数据采集的同时，即可对其进行实时处理。数据处理的新技术允许用户在测区迅速确定有关目标的位置，使用者通过掌上电脑与接收机交换数据，即刻见到自己的劳动成果。

任务一 了解 GNSS-RTK 测量原理

一、GNSS-RTK 基本原理

GNSS 的 RTK（Real Time Kinematics）测量模式要求至少两台同时工作的 GNSS 接收机，由基准站通过数据链实时将载波观测量及站坐标信息一同传送给流动站。流动站接收 GNSS 卫星的载波相位与来自基准站的载波相位，并组成相位差分观测值进行实时处理，实时给出厘米级的定位结果。

流动站接收机利用基准站和流动站的基线向量（ΔX，ΔY，ΔZ）加上基准站坐标得到流动站每个点的 WGS-84 坐标，通过坐标转换参数转换得出流动站每个点的坐标（x，y，h）。

根据以上所述基准站和流动站的运作，用户可携带流动站系统在测区又快又准地进行定位测量和放样测设工作。由于即时计算点位坐标，用户对系统的正常工作可实时监察。基准站传输原始数据时并不限制接受对象，所以适配某一基准站工作的流动站数量不受限制。

实现载波相位差分是将基准站采集的载波相位发送给流动站进行求差解算坐标。将基准站上观测的载波相位通过数据链传送到流动站，流动站静止不动观测若干历元后进行计算，求解其相位模糊度，这一过程称为初始化。

求差法，即单差，双差和三差三种数学模型，已广泛应用于静态测量中。载波相位求差法的基本思想是：基准站 T_0 不再计算测相伪距修正数 $\Delta\rho_0^j$，而是将其观测的载波相位观测值由数据链实时发送给用户接收机，然后由用户机进行载波相位求差，再解算出用户的位置。

在基准站 T_0 和流动站 T_i 上同时在 t_1 和 t_2 历元上观测了两颗卫星（S^j，S^k），基准站的载波相位观测值由数据链实时传送给流动站。这样，用户共获得了 8 个观测值，即

$$\phi_0^j(t_1) = \frac{f}{c}\rho_0^j(t_1) + f\left[\delta t_0(t_1) - \delta t^j(t_1)\right] - N_0^j(t_0) + \frac{f}{c}\left[\Delta_{0,I_p}^j(t_1) + \Delta_{0,T}^j(t_1)\right]$$

$$\phi_i^j(t_1) = \frac{f}{c}\rho_i^j(t_1) + f\left[\delta t_i(t_1) - \delta t^j(t_1)\right] - N_i^j(t_0) + \frac{f}{c}\left[\Delta_{i,I_p}^j(t_1) + \Delta_{i,T}^j(t_1)\right]$$

$$\phi_0^k(t_1) = \frac{f}{c}\rho_0^k(t_1) + f\left[\delta t_0(t_1) - \delta t^k(t_1)\right] - N_0^k(t_0) + \frac{f}{c}\left[\Delta_{0,I_p}^k(t_1) + \Delta_{0,T}^k(t_1)\right]$$

$$\phi_i^k(t_1) = \frac{f}{c}\rho_i^k(t_1) + f\left[\delta t_i(t_1) - \delta t^k(t_1)\right] - N_i^k(t_0) + \frac{f}{c}\left[\Delta_{i,I_p}^k(t_1) + \Delta_{i,T}^k(t_1)\right]$$

$$\phi_0^j(t_2) = \frac{f}{c}\rho_0^j(t_2) + f\left[\delta t_0(t_2) - \delta t^j(t_2)\right] - N_0^j(t_0) + \frac{f}{c}\left[\Delta_{0,I_p}^j(t_2) + \Delta_{0,T}^j(t_2)\right]$$

$$\phi_i^j(t_2) = \frac{f}{c}\rho_i^j(t_2) + f\left[\delta t_i(t_2) - \delta t^j(t_2)\right] - N_i^j(t_0) + \frac{f}{c}\left[\Delta_{i,I_p}^j(t_2) + \Delta_{i,T}^j(t_2)\right]$$

$$\phi_0^k(t_2) = \frac{f}{c}\rho_0^k(t_2) + f\left[\delta t_0(t_2) - \delta t^k(t_2)\right] - N_0^k(t_0) + \frac{f}{c}\left[\Delta_{0,I_p}^k(t_2) + \Delta_{0,T}^k(t_2)\right]$$

$$\phi_i^k(t_2) = \frac{f}{c}\rho_i^k(t_2) + f\left[\delta t_i(t_2) - \delta t^k(t_2)\right] - N_i^k(t_0) + \frac{f}{c}\left[\Delta_{i,I_p}^k(t_2) + \Delta_{i,T}^k(t_2)\right]$$

式中　δt——仪器和卫星钟差；

ρ——仪器至 GNSS 卫星的真距离；

Δ_{I_p}，Δ_T——电离层和对流层延迟影响。

将两台接收机在同一历元观测同一卫星的载波相位观测值相减，得到 4 个单差方程：

$$\Delta\phi^j(t_1) = \frac{f}{c}\left[\rho_i^j(t_1) - \rho_0^j(t_1)\right] + f\left[\delta t_i(t_1) - \delta t_0(t_1)\right] - \left[N_i^j(t_0) - N_0^j(t_0)\right]$$

$$\Delta\phi^k(t_1) = \frac{f}{c}\left[\rho_i^k(t_1) - \rho_0^k(t_1)\right] + f\left[\delta t_i(t_1) - \delta t_0(t_1)\right] - \left[N_i^k(t_0) - N_0^k(t_0)\right]$$

$$\Delta\phi^j(t_2) = \frac{f}{c}\left[\rho_i^j(t_2) - \rho_0^j(t_2)\right] + f\left[\delta t_i(t_2) - \delta t_0(t_2)\right] - \left[N_i^j(t_0) - N_0^j(t_0)\right]$$

$$\Delta\phi^k(t_2) = \frac{f}{c}\left[\rho_i^k(t_2) - \rho_0^k(t_2)\right] + f\left[\delta t_i(t_2) - \delta t_0(t_2)\right] - \left[N_i^k(t_0) - N_0^k(t_0)\right]$$

从上式中看出，单差方程中已消去了卫星钟差。将两台接收机同时观测两颗卫星的载波相位观测值求差，即同一历元的单差相减，得到两个**双差方程**，如下式：

$$\nabla\Delta\phi^k(t) = \frac{f}{c}\{[\rho_2^k(t_1) - \rho_1^k(t_1)] - [\rho_2^j(t_1) - \rho_1^j(t_1)]\} + N_0^k(t_0) - N_0^j(t_0) + N_i^j(t_0) - N_i^k(t_0)$$

$$\nabla\Delta\phi^k(t) = \frac{f}{c}\{[\rho_2^k(t_1) - \rho_1^k(t_1)] - [\rho_2^j(t_1) - \rho_1^j(t_1)]\} + N_0^k(t_0) - N_0^j(t_0) + N_i^j(t_0) - N_i^k(t_0)$$

由上式看出，此双差方程中已消去了接收机的钟差。双差方程右端的初始整周模糊度 $N_0^k(t_0)$、$N_i^k(t_0)$、$N_0^j(t_0)$、$N_i^j(t_0)$ 通过初始化过程进行解算。

静态测量数据处理的主要任务是求解基线矢量。因此它的计算程序是：

利用三差法求解出近似的基线长度，再利用浮动双差法求解出相位模糊度和基线矢量。将求得的相位模糊度凑整后，进行固定双差的计算，最后求解出精密的基线矢量。

但在动态的应用中，我们要求的不是基线矢量，而是流动站所在的实时位置。因此它的计算程序如下：

（1）在初始化阶段，静态观测若干历元。历元数目的多少取决于流动站到基准站的距离。在数据处理中，重复静态观测的程序，求出相应位置模糊度，并确认此相应位置模糊度正确无误。

（2）将求出的相应位置模糊度代入双差方程中。由于基准站的位置坐标是精确测定的已知值，两颗卫星的位置坐标可由星历参数计算出来，故双差方程中的未知数只包括用户在协议地球系中的位置坐标（X_i，Y_i，Z_i）。此时，只要观测 3 颗卫星就可进行求解。这样，在实际作业中，观测 4~6 颗星，就可实时准确地求解（X_i，Y_i，Z_i）。

将基准站的地心坐标（X_b，Y_b，Z_b）输出，就可求得流动站的地心坐标：

$$\begin{bmatrix} X_u \\ Y_u \\ Z_u \end{bmatrix}_{\text{WGS-84}} = \begin{bmatrix} X_b \\ Y_b \\ Z_b \end{bmatrix} + \begin{bmatrix} X_i \\ Y_i \\ Z_i \end{bmatrix} \tag{4.1.1}$$

将当地坐标系与地心坐标的转换参数输出，就可得到当地坐标系的直角坐标：

$$\begin{bmatrix} X \\ Y \\ Z \end{bmatrix}_{\text{Local}} = \begin{bmatrix} X \\ Y \\ Z \end{bmatrix}_{\text{WGS-84}} - \begin{bmatrix} 1 & 0 & 0 & X & 0 & -Z & Y \\ 0 & 1 & 0 & Y & Z & 0 & -X \\ 0 & 0 & 1 & Z & -Y & X & 0 \end{bmatrix} \begin{bmatrix} \Delta X \\ \Delta Y \\ \Delta Z \\ \alpha \\ \beta \\ \gamma \\ m \end{bmatrix} \tag{4.1.2}$$

上述所讨论的单基准站差分 GNSS 系统结构和算法简单，技术上较为成熟，主要适用于小范围的差分定位工作。对于较大范围的区域，则应用局部区域差分技术，对于一国或几个国家范围的广大区域，应用广域差分技术。

二、GNSS-RTK 系统组成

GNSS-RTK 系统包括硬件部件的连接和软件部件的使用。

1. 硬 件

RTK 系统的硬件部件各有其特定功能。

（1）GNSS 接收机。

GNSS 接收机的功能是接收、处理和存储卫星信号。

GNSS 接收机必须配用天线才能接收卫星信号。GNSS 接收机天线是卫星信号的实际采集点。它也是据以计算流动站定位的点。因此，要确定一个观测点的位置，就必须把 GNSS 接收机天线安放在观测点的上方。观测点的平面位置由天线的中心点位确定。观测点的垂直位置由天线的中心点位减去天线高来确定。系统中的每台 GNSS 接收机都配有一根 GNSS 接收天线。

RTK系统中的掌上电脑在功能上很像全站仪系统中的数据采集器。RTK系统中每个流动站只需用到一部掌上电脑（即图4.1.1、4.1.2中蓝牙控制手簿，采用Windows CE）。

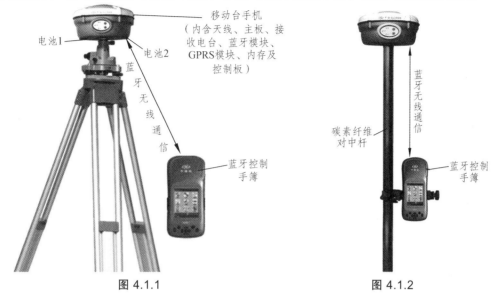

图 4.1.1　　　　　　　　　　　　　　图 4.1.2

（2）电源系统。

基准站和流动站都需要电源才能工作。根据选用电台类型的不同，基准站系统的电源要求比流动站系统要高出很多。如果基准站电台必须要将数据传输到5 km以外的流动站系统，基准站电台的发射功率就要很高，耗电量也很大。

（3）数据传输系统。

基准站同用户流动站之间的联系是靠数据传输系统（简称为数据链）来实现的。数据传输设备是完成实时动态测量的关键设备之一，由调制解调器和无线电台组成。在基准站上，利用调制解调器将有关数据进行编码调制，然后由无线电发射台发射出去。在用户站上利用无线电接收机将其接收下来，再由解调器将数据还原，并发送给用户流动站上的GNSS接收机。

2. 软　件

与硬件一样，RTK系统拥有一些可供办公室或现场使用的软件。现场RTK应用软件安装于流动站系统的掌上电脑中。该软件是基准站和流动站的用户界面，可协助测量的准备和执行。该软件引导用户执行测点定位和测设放样任务所要求的各个步骤，界面直观易用。

内业安装驱动后，将现场采集的测量数据传输到办公室计算机中，也可将设计资料从办公室转移到现场。此外，RTK软件还可将测量结果另存为别的软件可用的其他格式等。

三、GNSS-RTK 局限

1. 测量范围的局限

由于差分技术的前提是作差分的两站的卫星信号传播路径相同或类似，这样，两站的卫星钟差、轨道误差、电离层误差、对流层误差均为强相关，所以这些误差大部分可以消除，要到达 1~2 cm 级实时（单历无求解）定位的要求，流动站和参考站的距离需小于 10 km。当距离大于 50 km 时，误差的相关性大大减小，以致差分之后残差很大，求解精度降低，一般只能达到分米级基线精度。

2. 通信数据链作用距离的局限

传统 RTK 系统的数据传输多采用 UHF 和 VHF 电台播发 RTCM 差分信号，由于电台信号的衍射性能差，而且都是站间准直线传播，这要求站间的天线必须"准直线通视"，所以在复杂环境中 RTK 作业很不方便，经常出现能收到卫星，但是收不到电台信号的现象。

3. 模糊度求解的局限

当流动站与参考站距离较近（即观测基线较短），如参考站 10 km 范围内，上述系统误差强相关假设成立，常规 RTK 利用几个甚至一个历元观测资料就可以获得厘米级定位精度。但是，随着流动站与参考站间距离增大，上述系统误差相关性减弱，双差观测值中的系统误差残差迅速增大，导致难以正确确定整周模糊度，无法取得固定解。同时定位精度迅速下降，当流动站与参考站间距大于 50 km 时，常规 RTK 单历元解精度仅为分米级。在这种情况下，使用常规 RTK 技术将无法得到更高精度的定位结果。

4. 基准站移动频繁

测量过程中，需要不断设置和更换基准站。在建立基准站时，由于操作和外界环境的影响，测量结果含有潜在的粗差。对于精度要求较高的测量，这种粗差对最终结果的精度影响也不可忽视。经常需要搬动基准站将导致生产效率和设备安全性不高，同时为基准站持续供电一直是一个困扰外业测量的问题。

任务二　GNSS-RTK 测量操作

用户携带流动站对特征点进行定位测量，可用于地形测量、面积测量和土石方工程量计算。

中海达 RTK 系列产品以其简单易懂、人性化的操作赢得客户好评，下面以 GIS + 手簿 HI-RTK2.5 道路版本为例，简要说明 GNSS-RTK 地形测量的操作流程。

项目的文件说明：

项目文件——Prj；

坐标转换参数的备份——dam；

横断面——csp；

放样点——skl；

记录点——stl；

记录点备份——stl.Bak；

控制点——ctl；

测区范围文件——waa。

HI-RTK 采用九宫格菜单，每个菜单都对应一个大功能，界面简洁直观，容易上手，如图 4.1.3 所示。

其中，1、2、3、5 项为重点使用项目，基本涵盖了碎部测量和各种放样功能，2.5 版本增加了向导功能，该功能可以引导新手从新建项目开始到测量进行设置，由于其他版本并没有此项功能，因此本任务重点说明如何用 1、2、3、5 项菜单完成一次测量工作的流程。

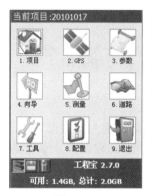

图 4.1.3

一、使用流程

1. 新建项目

点击"1.项目"图标，进入项目设置界面，如图 4.1.4 所示。

点击"新建"图标，进入输入界面，如图 4.1.5 所示。

图 4.1.4

图 4.1.5

2.5 版本默认了将当天日期作为新建项目名称，如果不想用，也可以自己输入要用的名称，界面上的"向上箭头"为大小写切换，"123"为数字字母切换。输入完成后点击"√"，新建项目成功；点击"×"，返回九宫格菜单。如图 4.1.6 所示。

图 4.1.6   图 4.1.7   图 4.1.8

2. 设置参数

点击九宫格菜单第三项"3. 参数"进入参数设置界面，界面显示为坐标系统名称，以及"椭球、投影、椭球转换、平面转换、高程拟合、平面格网、选项"七项参数的设置，如图 4.1.7 所示。

首先设置**椭球**，源椭球为默认的"WGS84"，当地椭球则要视工程情况来定。我国一般使用的椭球有两种：一为"北京 54"，一为"国家 80"，工程要求用哪个就选哪个，点击框后面的下拉小箭头选择。

再设置**投影**，方法为：点击屏幕上"投影"，界面显示了"投影方法"以及一些投影参数，如图 4.1.8 所示。

工程上一般常用高斯投影，高斯投影又分 6°带、3°带、1.5°带等，选什么要视工程情况而定。需要注意的是，如果工程需要 1.5°带，则要选择"高斯自定义"。选择方法也是点击显示框右边的下拉小箭头选择。选择好投影方法后，我们要修改的是"中央子午线"。修改方法是双击中央子午线的值，再点击右上角"×"旁边的虚拟键盘按钮，调出小键盘修改，注意修改后格式一定要和以前一样为×××：××.×××××E。

高斯投影分带方式及中央子午线判断图如图 4.1.9 所示。

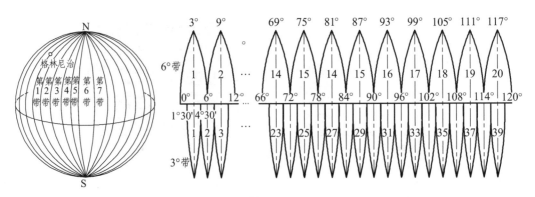

图 4.1.9

设置好投影参数后，将**椭球转换、平面转换、高程拟合**全设为"无"。

设置方法都是点击"转换模型"框右边的下拉小箭头进行选择，选择完后，点击界面"保存"按钮，再点击弹出窗口的"OK"，点击界面右上角"×"退出参数设置，回到九宫格界面。

3. 连接 GPS

GIS+手簿和 RTK 主机使用**蓝牙**连接，并在连接后对 RTK 主机进行设置。操作流程如下：点击九宫格界面"2.GPS"图标，进入接收机信息界面，如图 4.1.10 所示。

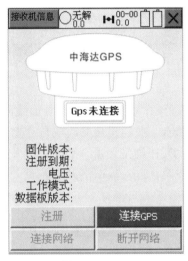

图 4.1.10

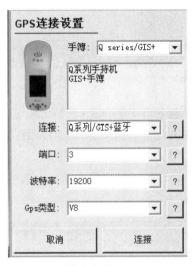

图 4.1.11

HI-RTK2.5 版本连接 GPS 有两种操作：一是点击屏幕左上角"接收机信息"的按钮，在下拉菜单里选择"连接 GPS"；二是直接点击屏幕右下的"连接 GPS"按钮。现在使用的版本中，只有 2.5 版本有方法二，其余版本右下没有"连接 GPS"按钮，操作后，即进入连接参数设置界面，如图 4.1.11 所示。

图 4.1.11 界面所显示的参数即为连接 GPS 的默认参数，检查好参数没有问题之后，点击屏幕右下角的"连接"按钮，进入蓝牙搜索界面，点击界面"搜索"按钮，直到屏幕上出现将要连接的 RTK 基站（已经架好并已开机）的机身码后，点击"停止"，再点选好要连的机身号，让蓝色选择条选到要连的机身号上，再点击"连接"。

连接上仪器后，画面跳回"接收机信息"界面，此时屏幕中"GPS 未连接"的字样变成了连接上的 RTK 基站的机身号。此时，点击左上角"接收机信息"按钮，在下拉菜单里点选"设置基准站"，进入设置基准站界面，如图 4.1.12 所示。

我们看到，在界面左下角有"位置、数据链、其他"三个按钮，我们必须一项一项做出设置：先设置"位置"，在"位置"界面，点击"平滑"按钮，画面跳入采集界面，如图 4.1.13 所示。

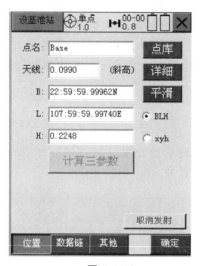
图 4.1.12

图 4.1.13

当屏幕右下角文字变成"开始"时,点击屏幕右上角的"√"按钮,此时画面跳回图 4.1.12,从上到下依次为点名、天线、B、L、H,点名默认 Base。我们也可修改成自己想要的(一般不必修改),天线默认 0.0990(斜高),可不用修改。BLH 则是点击"平滑"时采集的当前点的经纬度坐标,此时我们点击画面上的"数据链"按钮,进入数据链设置界面,如图 4.1.14 所示。

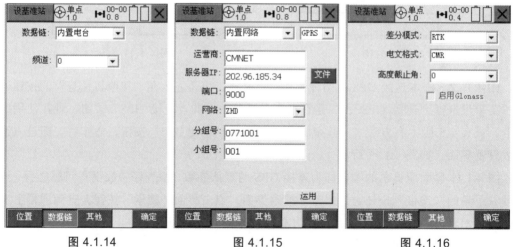

图 4.1.14   图 4.1.15   图 4.1.16

在图 4.1.14 的界面上,数据链的内容框右边也有一个下拉箭头,点击它就可以选择数据链的模式。有三种模式可选:一是内置电台;二是内置网络;三是外部数据链。一般使用内置网络或是外部数据链,下面以使用外部数据链为例:点击数据链内容框边的下拉箭头,选择外部数据链。

如果使用内置网络,如图 4.1.15 所示。

使用中海达网络前几项设置与图上一致,需要修改的是分组号和小组号:**分组号为七位,后三位不得大于 255;小组号为三位,也不得大于 255。**

设置好数据链后，点击"其他"按钮，进入其他设置界面，如图 4.1.16 所示。

其他设置时，差分模式选 RTK，电文格式常见的有 RTCM2.X、RTCM3.0、CMR 等，一般都可以任选其中一种，高度截止角在 10°～15°可任选。设置好后点右下角的"确定"按钮，有弹出窗口显示设置成功，点击弹出窗口的"OK"，当看见屏幕最上方的"单点"变成"已知点"，再看基站的收发灯正常闪烁（一秒一闪），就表示基准站**设置成功**了。这时候点击界面的"×"，回到图 4.1.10 所示界面，点击左上角"接收机信息"，在下拉菜单里选"断开 GNSS"断开与基准站的蓝牙连接。

设置移动站、用手簿连接移动站，其连接方法与连接基准站一样，连接成功后，点击左上角的下拉菜单，选择设置移动站，进入移动站设置界面，如图 4.1.17 所示。

图 4.1.17

图 4.1.18

可以看到，在设移动站界面，有"数据链"和"其他"两项设置，前面已述及，设置基准站时（以外部数据链为例），如果基准站用了外部数据链，则说明使用电台作为数据链，所以将**移动站的数据链设成内置电台，频道则设成与发射电台一致的频道**。

如果基站用内置网络，则移动站的数据链也要用内置网络，并且所有设置都要和基站一样。

设好数据链后，点击"其他"按钮，进入"其他"设置界面，如图 4.1.18 所示。

电文格式要选择为与基准站一致，高度截止角设为 10°～15°即可，发送 GGA 不用管，直接默认，设好后点击"确定"。当设置成功的对话框弹出后，点击弹出窗口的"OK"按钮，再点击右上角的"×"，一直退至九宫格菜单。

二、碎部测量

点击九宫格菜单的"**5.测量**"图标，进入测量界面，如图 4.1.19 所示。

在测量界面的上方，可看到的是解状态（图 4.1.18 显示"单点"处）、卫星状态（图 4.1.18 显示 00-00 处）、电池情况的图标，当前面的设置都正确，并且卫星条件可以进行测量时，图 4.1.18 中显示"单点"处应该显示为"固定"，表示解状态为 RTK 固定解。只有在固定解的

状态下，才能进行测量工作。要采集当前点，点击屏幕右侧的小红旗，即可进入保存界面，如图 4.1.20 所示。

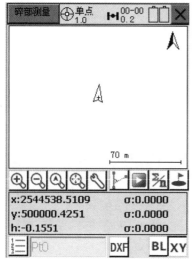

图 4.1.19

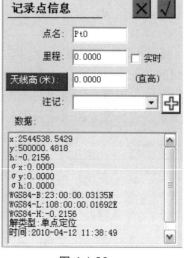

图 4.1.20

在本界面，可以编辑点名、天线高、注记等信息，编辑完成后点击"√" 保存，画面返回测量界面。重复上述操作，即可进行下一个点的保存。

求解四参数和高程拟合： 在使用 RTK 时，没有启用任何参数所得到的直角坐标往往是不准确的，所以还有一个很重要的步骤就是求解参数。求解参数有几种，工程上常用的一般就是四参数和高程拟合。求解四参数之前，必要的条件是：在测区至少要有**两个以上的已知点**。

求解过程如下：首先是外业，用移动站在两个已知点上采集两个没有参数的坐标，其次就是内业的操作。流程如下：退出测量界面，在九宫格菜单中点击"3.**参数**"，进入参数界面，再点击左上角下拉菜单，选择"参数计算"，画面跳入参数计算界面，如图 4.1.21 所示。

点击"添加"，添加一组坐标，如图 4.1.22 所示。

图 4.1.21

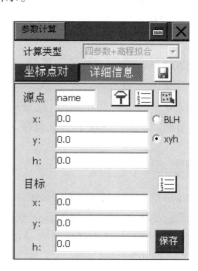

图 4.1.22

界面中"**源点**"为我们未启用参数时采集回来的已知点坐标，"**目标**"为真正的已知点坐标。点击"源点"右边的 ，进入点列表，如图 4.1.23 所示。

点击点库框右边的下拉箭头，选"记录点"，点击点名框右边下拉箭头选出刚才测得的已知点坐标，选好后点"√"，如图 4.1.24 所示。

点击保存，画面跳回坐标点对界面，如图 4.1.25 所示。

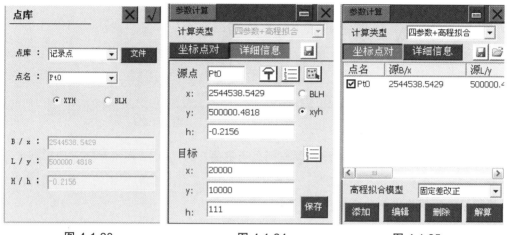

图 4.1.23   图 4.1.24   图 4.1.25

利用同样的方法添加下一个点，见图 4.1.26。点击右下角"解算"，得到结算结果，如图 4.1.27 所示。

图 4.1.26   图 4.1.27

这时，可以参考计算结果，缩放值越接近 1 越好，一般要有 0.999 或者 1.000 以上才是合格的。旋转时要看已知点的坐标系是什么，如果是标准的 1954 北京坐标系或者 1980 西安坐标系点，则旋转一般只会在几秒内，超过了就不理想了；如果已知点是任意坐标系，旋转没有参考意义，平面残差小于 0.02，高程残差小于 0.03 基本就可以了。计算结果合格后，点击"运用"，启用这个结果，画面跳入坐标系统界面；可以查看一下，之前都为"无"的"平面转换"和"高程拟合"是否已启用，如图 4.1.28、图 4.1.29 所示。

图 4.1.28

图 4.1.29

检查好后，点击"保存"，**跳出对话框问是否覆盖，选"是"**，提示保存成功后点击"×"退出到九宫格界面，再进入"5.测量"界面，即可开始工作。**此时得到的坐标就是和已知点相同坐标系的需要的直角坐标。**

任务三　GNSS-RTK 测量数据处理

手簿和桌面电脑连接时，需要在手簿和电脑上都安装微软提供的同步程序——Microsoft ActiveSync。手簿出厂时已默认安装了 ActiveSync，电脑端自行安装 Microsoft Activesync 软件 4.1 版及 4.1 以上版本。

安装通信程序（运行中海达光盘：工具软件\连接程序\ActiveSync\MSASYNC41.exe）在电脑上安装 ActiveSync 软件，打开手簿连接到电脑 USB 端口。如外业没有光盘而需驱动，可在中海达官网 http://www.zhdGNSS.com 下载专区中寻找 GIS 手持机驱动下载即可。

正确安装完成后，在开始菜单的程序组中将会出现"Microsoft ActiveSync"，就可以开始设置了。

GIS + 手簿与电脑通信：

将手簿与电脑用通信电缆连接，可以选择 USB 方式通信。

打开手簿，点击开始→设置→控制面板→pc 连接。

启用与台式机直接连接，更改连接→选择"USB CONNECT"。

打开电脑的同步软件 Microsoft ActiveSync，"允许 USB 连接"前面打钩，并点击"确定"按钮。如图 4.1.30 所示。

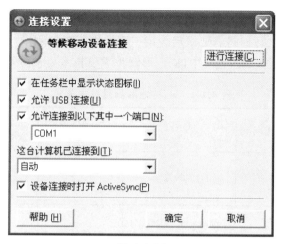

图 4.1.30

出现图 4.1.31 所示对话框后，点击"浏览"，即可进行手簿与电脑之间的文件操作。

图 4.1.31

注：

（1）手簿一旦与某台电脑作过以上操作步骤，那么以后与这台电脑通信，则可直接连接。

（2）手簿主程序安装目录： 我的设备 \ NandFlash\ Hi-RTK， 数据导出目录为：\ NandFlash \ project\Road。

任务四　GNSS-RTK 地形测量示例

某县要在×地的三岔路口附近建一停车场，在确定用地范围后，按 1∶500 比例尺要求测量该范围内的地形图。

架设基准站后，完成手簿的设置并连接基准站，平滑达到要求后，断开链接；手簿连接流动站，待固定后，采集三个已知控制点的坐标。采集时，圆气泡严格居中，之后解算从源坐标到目标坐标的转换参数，符合要求后应用，开始进行碎部测量。采集地形点和地物点，获取用地范围内需测量的三维坐标。RTK 地形测量主要技术要求应符合表 4.1.1 规定。

表 4.1.1　RTK 地形测量技术要求

等　　级	图上点位中误差/mm	高程中误差	与基准站的距离/km	观测次数	起算点等级
图根点	≤ ±0.1	1/10 等高距	≤7	≥2	平面三级以上、高程等外以上
碎部点	≤ ±0.3	符合相应比例尺成图要求	≤10	≥1	平面图根、高程图根以上
注：① 点位中误差指控制点相对于最近基准站的误差。 　　② 用网络 RTK 测量可不受流动站到基准站间距离的限制，但宜在网络覆盖的有效服务范围内					

外业完成后，转入内业处理。手簿连接电脑后，选择项目→项目信息→记录点库（见图 4.1.32）右下角按钮 →给定文件名"1007"，选择所需的文件类型[南方 Cass7.0（*.dat）] →确定（见图 4.1.33）。

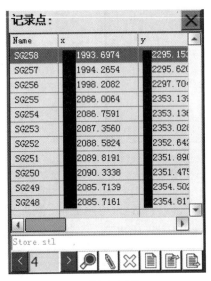

图 4.1.32

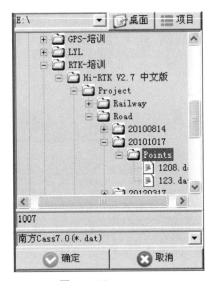

图 4.1.33

打开电脑上"我的电脑"→"我的 Windows 移动设备"→NandFlash→Project→Road→项目名→Points→拷贝出所需数据文件。

打开南方 CASS 软件 ，选择绘图处理→展野外测点点号（见图 4.1.34）；在命令行设置绘图比例尺 绘图比例尺 1:<500>　，弹出输入坐标数据文件名对话框（见图 4.1.35），选择"1007"打开。

图 4.1.34 图 4.1.35

此时，测量点展到图纸上（见图 4.1.36）。根据外业的测量草图，连接对应的测量点号，绘制出房屋、道路、陡坎、沟渠等（见图 4.1.37）。

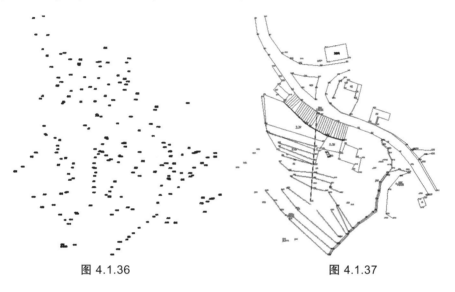

图 4.1.36 图 4.1.37

由数据文件"1007.dat"生成 DTM，再绘制等高线，注意等高线不能相交，不穿越房屋、道路、沟渠和陡坎（见图 4.1.38）。最后生成图框，放置指北针，完成内业成图工作（见图 4.1.39）。

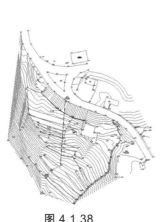
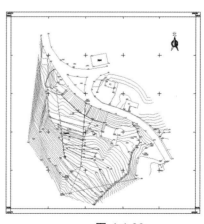

图 4.1.38 图 4.1.39

本项目小结

载波相位差分技术即 RTK（Real Time Kinematics）技术，是差分技术中最为精密的一种。它是建立在实时处理两个测站的载波相位基础上的，能够实时提供观测点的三维坐标，并能达到厘米级的高精度。

GNSS-RTK 系统包括硬件部件的连接和软件部件的使用。要求熟练掌握 GNSS-RTK 的使用流程、碎部测量步骤和数据处理过程。

习　题

1. 试述 GNSS-RTK 的基本原理。
2. 中海达 RTK 在测量前如何求解四参数？
3. 中海达 GIS + 手簿与电脑通信时测量的数据文件存放路径是什么？

项目五 利用 GNSS-RTK 进行工程放样以及 CORS 系统的组成和应用

任务一 GNSS-RTK 工程放样

RTK 系统已知其当前位置和要寻找的目标点位置，可给用户导向到正确位置。这一功能使得 RTK 成为非常有效的放样工具。任何地表地物都可由 GNSS-RTK 来测设放样，如道路、输电线路、油气管线及地下管道等。在大多数这类测量中，RTK 系统比传统全站仪的效率要高很多，而且只需单人操作。RTK 放样一般分为点放样和线放样。

1. 点放样

从架设基站直到求解完参数的工作与碎部测量完全相同，完成以上步骤后，我们就可以输入放样点进行放样工作。首先，在测量界面点击左上角下拉菜单，选择"点放样"，进入放样模式，如图 5.1.1 所示。

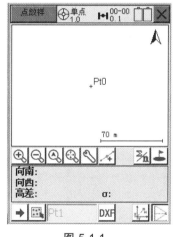

图 5.1.1   图 5.1.2

图 5.1.3

点击左下角 →，进入放样点输入，如图 5.1.2 所示。

依次输入点名、x、y、h，打钩，进入放样指示，如图 5.1.3 所示。

按照界面指示，找到放样点位置，再点击 → 输入下一个放样点。如果事先已在放样点库输入放样点坐标，则可以点击 列表调出放样点进行放样。

2. 放样点库和控制点库的输入

在测量界面点击左上角下拉菜单选择"放样点库"或"控制点库"即可进入点库，如图 5.1.4、图 5.1.5 所示。

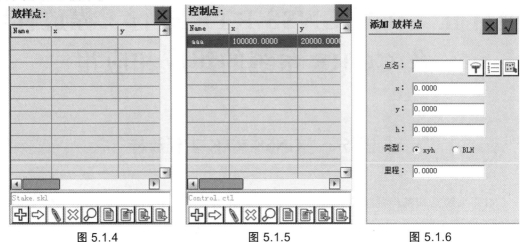

图 5.1.4 图 5.1.5 图 5.1.6

在点库里点击 添加点，如图 5.1.6 所示。

依次输入点名、x、y、h，里程不用输，打钩即可，然后重复添加下一个，控制点也是同样在控制点库内添加。

下面介绍一下线放样。同样，在测量界面点击左上角的下拉菜单，选择"线放样"，如图 5.1.7 所示。

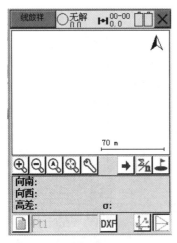

图 5.1.7

图 5.1.8

进入此界面，点击 ，选择线的类型，如图 5.1.8 所示。

以直线为例，点击"直线"按钮，进入直线编辑，如图 5.1.9 所示。

定义线段有两种：一种为两点定线，另一种为一点加方位角。用两点，则定义起点和终点。可以手工输入，也可以点击 进点库中选择，定义完成后打钩。用一个点的话，点击"一点＋方位角"前面的小圆圈选择，再定义起点和方位角，同样定义完成后打钩，进入放样指示，如图 5.1.10 所示。

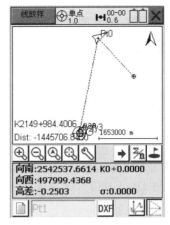

图 5.1.9　　　　　　　　　　　图 5.1.10

如图 5.1.10 所示，导航界面上的 K2149 + 984.4006 表示离线路起点有多远，Dist 表示偏离线路两侧有多远，负为左偏，正为右偏。

任务二　GNSS-RTK 工程放样示例

某道路建设工程项目总里程 10 km，其中明线约为 7 km，隧道 3 km。该项目起点位于某国道 K×××公里桩处，距某县城约 4 km，终点为某乡。途中经过×镇、××林场，公路等级为三级公路，水泥混凝土路面宽 7.5 m，路基宽 8.5 m。项目要求对公路的征地范围进行放样打桩。

整个项目 RTK 放样的精度为厘米级，可以满足道路征地放样的要求。控制成果由设计单位提供。部分控制成果见表 5.1.1。

表 5.1.1　控制成果表

点名	X/m	Y/m	H/m
LV141	2 180.289	4 780.517	830.27
LV143	1 490.295	4 791.314	806.49
LV145	0 968.655	4 587.298	864.90
LV147	0 834.827	4 686.563	868.61
LV149	0 673.708	4 717.468	875.87
LV151	0 414.477	4 856.352	901.19
LV155	9 797.536	5 419.273	892.50

按操作要求在现场架设基准站（见图 5.1.11），确认架设、连接好后，用手簿通过连接基

准站并进行设置，借助数据链将其接收到的所有卫星信息和基准站信息一起通过通信系统传送给流动站。

图 5.1.11　架设 RTK 基站

图 5.1.12　RTK 采控制点解算

道路工程的线形特点决定了在放样工作开展前应先采集两个已知控制点的坐标，采集时圆气泡严格居中（见图 5.1.12），之后解算从源坐标到目标坐标的转换参数。尺度参数 K 要非常接近 1，一般为 1.000X 或 0.999X。点击"运用"后，移动站会将得到的坐标通过参数转换到当地坐标系，之后要在第三个已知点上进行检核，测量的结果和已知点坐标符合后才能进行 RTK 放样和现场打桩工作。

作业时采用四参数解算，转换参数包括平移参数（X，Y）、尺度参数 K 和旋转参数。作业时平面转换四参数如表 5.1.2 所示。

表 5.1.2　四参数表

X 平移/m	− 1 180.579
Y 平移/m	2 035.565
旋　转	− 000:02:15.64
尺度（K）	1.000 27

事先在记事本中编辑放样点文件"1017R.skl"（见图 5.1.13），手簿连接电脑后，将其拷贝到手簿相应的项目文件下。在手簿中选择测量→碎部测量→放样点库，点击 📄，选择文件"1017R.skl"（见图 5.1.14），自定义格式导入 Name、x、y、h（见图 5.1.15），放样点导入成功（见图 5.1.16）。

```
1017R.skl - 记事本
文件(F) 编辑(E) 格式(O) 查看(V) 帮助(H)
Stakepoints[Ver:2]
J2600, 2052.620, 7461.320,0.000,0,否
J2606, 2083.549, 7329.821,0.000,0,否
J2610, 2046.874, 7227.304,0.000,0,否
J2613, 2032.756, 7177.704,0.000,0,否
J2616, 2029.393, 7123.986,0.000,0,否
J2622, 2097.902, 7024.203,0.000,0,否
J2626, 2196.443, 6961.296,0.000,0,否
J2630, 2299.984, 6826.388,0.000,0,否
J2633, 2436.023, 6728.970,0.000,0,否
J2637, 2552.598, 6606.000,0.000,0,否
J2640, 2582.567, 6554.652,0.000,0,否
```

图 5.1.13

图 5.1.14

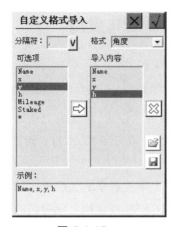

图 5.1.15

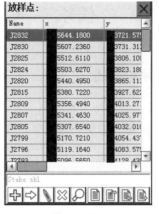

图 5.1.16

点击 三 进入列表调出放样点进行放样（见图 5.1.17、图 5.1.18）。

图 5.1.17

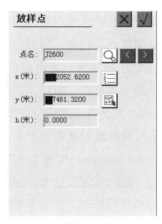

图 5.1.18

作业员操作流动站按操作界面"向西"和"向南"距离的提示，结合连接杆上指南针所指方向找到对应放样点的位置（见图 5.1.19）后打下木桩（见图 5.1.20），并做好标识，便于以后点位利用。

图 5.1.19　RTK 采控制点解算

图 5.1.20　征地范围线打桩

任务三 CORS 系统及其应用

一、CORS 系统概述

常规 RTK 技术极大地方便了需要动态高精度服务的用户，但随着流动站与参考站之间距离的增加，问题便随之产生。其最主要的局限性其实不在于 RTK 本身，而是源于整个 GNSS 系统。

GNSS 依靠的是接收从地面以上约两万千米的卫星发射来的无线电信号。相对而言，这些信号频率高、功率低，不易穿透可能阻挡卫星和 GNSS 接收机之间视线的障碍物。此外，房屋、隧道内、水下、树木等都会部分阻挡、反射或折射信号，使 RTK 作业有一定的局限性。

鉴于传统 RTK 技术所存在的缺陷，为达到区域范围内厘米级、精度均匀的实时动态定位，CORS 技术逐步成熟。CORS 系统的理论源于 20 世纪 80 年代中期，加拿大提出的"主动控制系统"理论认为，GNSS 主要误差源来自于卫星星历，要为用户提供高精度的预报星历以提高测量精度，必须依靠一批永久性的点位可靠的参考站点。

1955 年在一跨海工程中参考站网测量技术首次得到了应用。随后的 FKP（区域改正数法）技术在德国得到了应用的推广。随后，天宝公司在 FKP 的基础上研究出了 VRS（虚拟参考站技术），瑞士徕卡公司人员在这些成果的基础上也提出了 MAX（主辅站技术）。

CORS 技术是利用地面布设的一个或多个基准站组成 GNSS 连续运行参考站（Continuous Operational Reference System，缩写为 CORS），综合利用各个基站的观测信息，通过建立精确的误差修正模型，通过实时发送 RTCM 差分改正数，修正用户的观测值精度，在更大范围内实现移动用户的高精度导航定位服务的技术。CORS 技术集卫星定位技术、计算机网络技术、数字通信技术等高新科技于一体，是参考站网络式 GNSS 多功能服务系统的核心支持技术和解决方案，其理论研究与系统开发均是 GNSS 技术科研和应用领域的热门前沿。

示例：

某省区域全球导航卫星连续运行基准站综合服务中心向符合《某省卫星定位连续运行基准站系统使用管理暂行规定》要求的用户提供 ×× GNSS 服务。技术服务内容包括：

（1）×× GNSS 各参考站的 GNSS（GNIS、GLONASS）原始静态观测数据下载。

（2）厘米级、亚米级、米级实时差分的网络 RTK、网络 RTD、单基站 RTK 以及多基站 RTK 定位。

（3）利用 ×× GNSS 获取 2000 国家大地坐标（简称"CGCS2000"）数据。

（4）在线坐标转换，即指 2000 国家大地坐标系至 1954 北京坐标系和 1980 西安坐标系的平面转换及 1985 国家高程基准的高程转换。

（5）离线坐标转换，即指 2000 国家大地坐标系至地方独立坐标系的平面转换。

用户须遵守《中华人民共和国保守国家秘密法》及有关法律法规的规定，不得将所获得的成果及资料泄密，同时不得将利用相关数据求解的坐标转换参数泄密。该服务的账户及密码，用户应有专人负责保管，如发生账号泄密事件，后果由用户自行承担。该服务仅限用户单位内部使用，不得向第三方提供使用。

目前应用较广的 CORS 网技术有 FKP 技术、虚拟参考站技术和主辅站技术。其各自的数学模型和定位方法有一定的差异，但是基准站架设和改正模型的建立方面基本原理是相同的。

1. FKP 技术

FKP（区域改正数法）是指利用 GNSS 基准站观测数据（相位观测值和伪距观测值等）及基准站已知坐标等信息，计算得到基准网范围内与时间或空间相关的误差改正数模型，然后利用测量点的近似坐标内插出测量点的误差改正数，将它应用到观测值中，从而消除各种与时间和空间有关的误差，获得高精度的定位结果的方法。

FKP 和虚拟参考站技术最大的不同就是在定位方法上的不同，虚拟参考站技术是利用虚拟观测值和流动站观测值做单基线解算，FKP 是利用改正后的观测值加入各基准站做多基线解。

2. 虚拟参考站技术（VRS）

与常规 RTK 不同，虚拟参考站网络中，各固定参考站不直接向移动用户发送任何改正信息，而是将所有的原始数据通过数据通信线发给控制中心。同时，移动用户在工作前，先通过 GPRS/CDMA 的上网功能向控制中心发送一个概略坐标（GAA 数据），控制中心收到这个位置信息后，根据用户位置，由计算机自动选择最佳的一组固定基准站，根据这些站发来的信息，整体地改正 GNSS 的轨道误差，电离层、对流层和大气折射引起的误差，将高精度的差分信号发给移动站。这个差分信号的效果相当于在移动站旁边，生成一个虚拟的参考基站，从而解决了 RTK 作业距离上的限制问题，并保证了用户的精度。

其实虚拟参考站技术就是利用各基准站的坐标和实时观测数据解算该区域实时误差模型，然后用一定的数学模型和流动站概略坐标，模拟出一个邻近流动站的虚拟参考站的观测数据，建立观测方程，解算虚拟参考站到流动站间这一超短基线。一般虚拟参考站位置就是流动站登录时上传的概略坐标，这样由于单点定位的精度，使得虚拟参考站到流动站的距离一般为几米到几十米；如果将流动站发送给处理中心的观测值进行双差处理后建立虚拟参考站的话，这一基线长度甚至只有几米。

对于邻近的点，可以只设一个虚拟参考站。开一次机，用户和数据中心通信初始化一次，确定一个虚拟参考站。当移动站和虚拟参考站之间的距离超出一定范围时，数据中心重新确定虚拟参考站。

3. 主辅站技术

主辅站技术是在 FKP 的基础上产生的，数学模型上并没有什么大的区别，不过是在基准站播发基准点坐标信息和改正信息，减少了一定的信息量，再有就是"主基准站"的选择以及加入数个条件较好的"辅基准站"做多基线解。参与解算的基站不像 FKP 那样用到全部的基准站信息，加入了双向通信可以较好地选择所在的基站群。

二、CORS 系统组成

CORS 系统组成包括四个部分：参考站部分、数据服务中心、数据通信部分、用户部分。

下面以 HD-CORS （中海达连续运行参考站系统）进行介绍。HD-CORS 是中海达在 20 余年 GNSS 技术应用积累基础上充分利用现代计算机技术、数字通信技术和互联网技术研制而成的连续运行参考站系统，是集 GNSS 数据采集、数据处理、数据广播、系统管理于一体的高效解决方案。

1. 参考站部分

参考站是固定在地面或屋顶的 GNSS 信号接收系统，根据不同的 CORS 建设方案可以有一个或多个固定参考站。站与站之间可相距 70 km，使用 GSM 数据链，通过 GPRS/CDMA 方式登录到数据服务中心。图 5.1.21 为中海达公司总部 HD-CORS 实景图。

图 5.1.21

在选择连续运行的 GNSS 参考站墩位的位置时，需要注意如下事项：

（1）站点应选在易于安置接收设备且视野开阔的位置。视场周围高度在 10°以上不应有障碍物，以免 GNSS 信号被吸收或遮挡。

（2）站点附近不应有大面积水域或强烈干扰卫星信号接收的物体，以减弱多路径效应的影响。

（3）站点应该远离大功率无线电发射源（如电视台、微波站等），其距离最好不小于 200 m；远离高压输电线，其距离不得小于 50 m，以避免电磁场对 GNSS 信号的干扰。

（4）提供一个稳定的装置来固定天线。

（5）提供可靠的供电、通信系统，方便市电、因特网的接入。

（6）有安置和保护 GNSS 参考站的设备。

（7）在无人看守时，保证设备安全，防止有人故意破坏。

（8）选择交通发达的地方，方便到达进行检查和维护。

注：参考站 GNSS 主机与数据服务器可以无线接入和有线接入。无线接入参考站墩位的选址相对来说比较方便、简单，观测墩与数据服务中心可以建在不同的地方，不受距离限制，容易选址；而有线接入的观测墩与数据服务中心必须建在同一地方，且距离有一定的限制，不能太长，否则会引起信号的衰减，但可以省一张 SIM 卡及其包月费用。

2. 数据服务中心

数据服务中心包括一台可以上网的电脑，电脑上运行服务器软件，该软件的功能主要包括三个方面：管理登录的接收机、接收基准站和移动站的数据、发送差分信息。HD-CORS

的 ZNetCaster 软件运行在互联网的电脑上。使用中海达提供的 NetCore NR285 路由器的设置方法进行建站，界面见图 5.1.22。

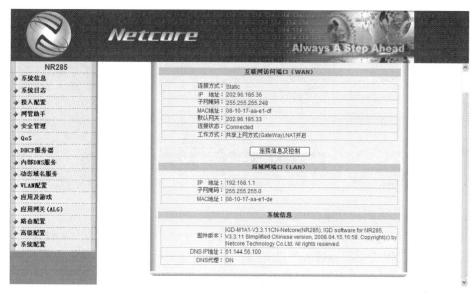

图 5.1.22

3. 数据通信部分

参考站、用户与数据服务中心之间的通信可以通过中国移动的 GPRS 方式和中国联通的 CDMA 方式。只要有一张 SIM 卡（就是我们通常说的手机卡），到营业厅开通数据通信包月服务，就可以利用其进行数据传输。GPRS/CDMA 的传输不受距离限制，而且抗干扰能力强，即使在城市中，发送／接收的效果也很好。GPRS/CDMA 模块与数据服务器之间其实有个 Internat 网络，参考站通过 GPRS/CDMA 将数据首先发送到公网上，然后到达服务器（有线连接时，参考站数据直接通过电缆与服务器通信），服务器的数据也是先传给公网，然后到达每个有 GRPS/CDMA 的用户终端。

4. 用户部分

用户部分主要是包括一台或者多台 GNSS 接收机，使用 GSM 数据链，通过 GPRS/CDMA 方式登录数据服务中心，以 GGA 格式将自己的坐标信息发送给服务器，并接收服务器发送来的差分改正数据进行实时定位采集。

三、CORS 系统应用

中海达 RTK 连接 CORS，不需要自己架设基准站，只需要有移动站即可。移动站设置如下：

首先用手簿连接移动站，在移动站设置中，要把数据链设成内置网络，然后要把 CORS 站的 IP 和端口设对，再设置 CORS 源节点、用户名、密码。以上这些参数都要从 CORS 运营机构得到。下面以某省测绘局 CORS 为例，如图 5.1.23、图 5.1.24 所示。

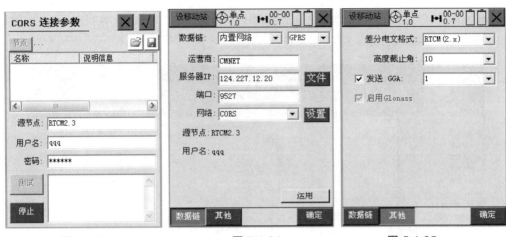

图 5.1.23 　　　　　　　　图 5.1.24 　　　　　　　　图 5.1.25

设置完数据链，点击"其他"，设置差分电文等，如图 5.1.25 所示。

差分电文格式要选择与源节点一致，截止角 10°～15°，GGA 前打钩，一般选 1，设好后点"确定"。提示设置成功后，进入测量界面，出现固定解后即可求解参数并开始工作。

按照 CORS 工程的建设原则，目前系统主要向测绘类用户开放。根据测绘用户的作业特点，具体作业模式可分为高精度测量、控制测量、大比例尺测图和施工放样等几项，将来还可能包括 GIS 地物属性采集等。以下就测绘用户的具体使用方式进行讨论。

1. 高精密测量

此类用户多属于工程施工、建筑变形监测等方面。高精密测量具体的内容如下：

观测时间：不同时间段内重复观测 2～4 次，每时段 8 h。

采 样 率：30 s。

使用仪器：双频 GNSS 接收机。

处理软件：Gamit，IGS 精密星历。

测量精度：基线精度 3*10Ⅶ。

使用领域：变形监测、精密工程测量等。

使用方法：静态仪器直接观测。

2. 控制测量

控制测量是测绘工作中十分重要的一项内容，在 CORS 系统中可用实时和事后两种方式进行控制测量。具体说明如下：

（1）静态方式。

静态方法主要是利用系统参考站的原始观测数据和用户所观测的数据联合处理完成的。具体内容如下：

观测时间：1 时段，1～2 h。

采样率：15 s。

使用仪器：双频 GNSS 接收机。

处理软件：接收机厂商提供的商业软件，广播星历。

测量精度：平面点位精度小于 2 cm。

使用领域：城市控制测量、工程控制测量。

使用方法：静态仪器直接观测。

通过网络下载 CORS 参考站数据（3 个以上参考站数据）。

利用商业软件进行基线处理。

利用商业软件进行平差计算，得到控制点坐标。

（2）动态方式。

动态方法是利用 CORS 系统的 RTK 功能完成的，具体内容如下：

观测值类型：RTK 固定解，10～180 个历元。

使用仪器：双频 GNSS 接收机、GSM CDMA GPRS 模块、掌上电脑。

测量精度：平面小于 3 cm， 垂直小于 5 cm。

使用领域：城市控制测量、工程测量等。

使用方法：

GSM CDMA GPRS 模块拨号，拨叫 CORS 系统接入号码，或接入指定 IP 或域的网络。

流动站 GNSS 天线保持稳定，进行初始化工作，得到 RTK 固定解。这一时间根据卫星状况、观测环境状况等可能会持续 15～80 s。

在待测点上得到固定解后，开始记录数据，连续记录 3 次结果（180 s 采样间隔）。

通过最小二乘法求出该点的精确坐标。

如果不能顺利初始化，可移动流动站天线位置，选择观测条件好的地点进行初始化，然后移动到待测点上，按照上述步骤进行观测。

作业过程中如果发生初始化丢失（即掌上电脑显示浮动或单点定位），则需要重新进行初始化工作，直至得到 RTK 固定解为止。

3. 大比例尺测图

大比例尺测图是测绘工作中十分重要的一项内容，利用 CORS 系统进行动态实时测图，可提高作业效率并减少经费。具体内容如下：

观测值类型：重要地物点 RTK 固定解，5 历元；普通地物点 RTK 浮动解，1 历元。

使用仪器：双频 GNSS 接收机、GSM CDMA GPRS 模块、掌上电脑。

测量精度：重要地物点，平面上小于 3 cm；普通地物点，平面小于 8 cm。

使用领域：地形图测量、地籍测量等。

使用方法：

GSM CDMA GPRS 模块拨号，拨叫 CORS 系统接入号码，或接入指定 IP 或域名的网络。

流动站 GNSS 天线保持稳定，进行初始化工作，得到 RTK 固定解。这一时间根据卫星状况、观测环境状况等可能会持续 15～120 s。

以浮动解模式观测普通地物点，其间如果出现固定解则仍继续观测。以固定解模式观测重要地物点，连续观测 5 次，取平均值作为最终结果。

野外调绘，实测时根据地物形状和特征对所测的图形进行编辑。

室内成图，在室内软件的支持下完成地形图的修饰和格式转换，最终成图。

如果不能顺利初始化，可移动流动站天线位置，选择观测条件好的地点进行初始化，然后移动到待测点上进行观测。

在无法进行 GNSS 观测的地方，按照控制测量的实时方法设立临时控制点，用常规仪器进行观测。

作业过程中如果发生初始化丢失，则需要重新稳定进行初始化工作，直至得到 RTK 固定解/浮动解为止。

4. 施工放样

与测图作业类似，施工放样也是 CORS 系统的主要应用之一，作业中使用的仪器与测图应用相同。具体内容如下：

观测值类型：RTK 固定解，10 历元。

使用仪器：双频 GNSS 接收机、GSM CDMA GPRS 模块、掌上电脑。

测量精度：平面小于 3 cm。

使用领域：工程放样等。

使用方法：

室内图解得到放样点坐标，并输入到掌上电脑中。

在待放样点位附近架设仪器，并进行 GSM CDMA GPRS 模块拨号，拨叫 CORS 系统接入号码，或接入指定 IP 或域名的网络。

流动站 GNSS 天线保持稳定，进行初始化工作，得到 RTK 固定解。这一时间根据卫星状况、观测环境状况等可能会持续 15～120 s。

根据掌上电脑指示，向精确点位移动，移动中观察直至满足放样的精度要求为止。

在实测点上以固定解方式连续观测 10 次结果，作为放样的最终成果。

如果不能顺利初始化，可移动流动站 GNSS 天线位置，选择观测条件好的地点进行初始化，然后开始作业。

作业过程中如果发生初始化丢失，则需要重新稳定进行初始化工作，直至得到 RTK 固定解为止。

5. GIS 数据采集

随着城市的发展和各种应用的提出，GIS 的数据采集也成为测绘工作中十分重要的一种应用。GIS 数据包括空间位置和属性信息两方面，在公安、交通、电力、电信、石油、市政、林业、农业等行业的导航与监控应用中，又有了更进一步的应急处理系统，如在定位的同时，还需了解当前位置的周边地理情况、所需资源能否满足要求、设施设备的状态、当前位置到目标位置的最佳路径等，以便能更好、更快地进行应急处理。这样，作为 GNSS 移动目标表现载体的 GIS 系统不仅需要提供基本的 GNSS 移动目标的地图化表现，还要提供更进一步的基于位置的分析功能，从而提供合理的决策支持依据 CORS 可以满足 GIS 数据采集的应用要求。GIS 数据采集应用可分为事后处理和实时两种方式。

（1）事后处理方式。

该方式是在野外地物点上采集属性信息和 GNSS 原始观测信息，在室内通过软件进行后处理计算，得到地物的位置信息。具体内容如下：

采样率：1～5 s。

使用仪器：单频（或双频）GNSS 接收机。

处理软件：接收机厂商提供的商业软件。

测量精度：平面点位精度 0.5 ~ 1.0 m。

使用方法：

使用单频 GNSS 接收机或 GIS 数据采集设备态仪器在野外进行作业，采集 GIS 属性并进行 GNSS 观测。

通过网络下载 CORS 参考站数据（可选择任何一个参考站数据，一般选择离测区最近的参考站数据）。

利用商业软件进行处理，编辑 GIS 地形图。

（2）实时方式。

动态方法利用 CORS 系统的 RTD 功能完成，所使用的仪器与测图和放样仪器相同。具体内容如下：

观测值类型：RTK 浮动解，1 个历元。

使用仪器：双频 GNSS 接收机、GSM CDMA GPRS 模块、掌上电脑。

测量精度：平面小于 0.5 m。

使用方法：

GSM CDMA GPRS 模块拨号，拨叫 CORS 系统接入号码，或接入指定 IP 或域名的网络。

流动站 GNSS 天线保持稳定，进行初始化工作，得到 RTD 即可开始作业。初始化时间根据卫星状况、观测环境状况等可能会持续 15 ~ 120 s。

得到 RTD 并稳定 2 ~ 5 s 后，开始进行 GIS 数据采集工作。

如果不能顺利初始化，可移动流动站天线位置，选择观测条件好的地点进行初始化，然后移动到待测点上，按照上述步骤进行观测。

作业过程中如果发生初始化丢失，则需要重新稳定进行初始化工作，直至得到 RTK 浮动解为止。

本项目小结

测设放样包括对定义该物体所在位置的一点或多点的定位。取得某一点的坐标后，用户需要在地面上找到与该坐标对应的确切位置。GNSS-RTK 流动站操作员在行进中可观察掌上电脑（电子手簿）屏幕来确定自己的当前位置，比传统全站仪的效率要高很多。

连续运行参考站系统（CORS）即一个或若干个固定的、连续运行的 GNSS 参考站，利用现代计算机技术、数据通信技术和互联网技术组成的网络，实时地向不同类型、不同需求、不同层次的用户自动地提供经过检验的不同类型的 GNSS 观测值（载波相位、伪距）、各种改正数据、状态信息以及其他有关 GNSS 服务项目的系统。

习　题

1. 试述 GNSS-RTK 工程放样中点放样的步骤。
2. 试述 CORS 系统的组成和在测绘中的应用。

参考文献

[1] 李天文．GNSS 原理及应用[M]．北京：科学出版社，2003.

[2] 周立．GNSS 测量技术[M]．郑州：黄河水利出版社，2006.

[3] 金国雄，刘大杰，等．GNSS 卫星定位的应用与数据处理[M]．上海：同济大学出版社，1994.

[4] 徐绍栓，张华海，等．GNSS 测量原理及应用[M]．武汉：武汉测绘科技大学出版社，2001.

[5] 张勤，李家权．全球定位系统（GNSS）测量原理及其数据处理基础[M]．西安：西安地图出版社，2000.

[6] 国家测绘局．CH 2001—92 全球定位系统（GNSS）测量规范[S]．北京：测绘出版社，1992.

[7] 国家测绘局．CH 8016—1995 全球定位系统（GNSS）测量型接收机检定规程[S]．北京：测绘出版社，1995.

[8] 国家质量技术监督局．GB/T 18314—2009 全球定位系统（GPS）测量规范[S]．北京：中国标准出版社，2009.

[9] 建设部．CJJ 73—97 全球定位系统城市测量技术规程[S]．北京：中国建筑工业出版社，1997.

[10] 刘大杰，施一民，过静君．全球定位系统（GPS）的原理与数据处理[M]．上海：同济大学出版社，1996.

[11] 刘基余，李征航，等．全球定位系统原理及其应用[M]．北京：测绘出版社，1993.

[12] 刘基余．GNSS 卫星导航定位原理与方法[M]．北京：科学出版社，2003.

[13] 刘经南，陈俊勇，等．广域差分 GNSS 原理和方法[M]．北京：测绘出版社，1999.

[14] 陈永奇．GNSS 相对定位中系统误差的影响[J]．武汉测绘科技大学学报，1990（2）.

[15] 过静君，葛茂荣．GNSS 动态定位原理及其数据处理[J]．北京测绘，1991（1）.

[16] 李征航，叶乐安．沧州市 GNSS 城市控制网的建立[J]．测绘通报，1991（4）：14-19.

[17] 杜道生，陈军，李征航．RS、GIS、GNSS 的集成与应用[M]．北京：测绘出版社，1995.

[18] 王广运，郭秉义，李洪涛．差分 GNSS 定位技术与应用[M]．北京：电子工业出版社，1996.

[19] 王惠南．GNSS 导航原理与应用[M]．北京：科学出版社，2003.

[20] 王勇志．GNSS 测量技术[M]．北京：中国电力出版社，2011.